2016~2030年
空间科学规划
研究报告

吴 季 等◎著

科学出版社

图书在版编目（CIP）数据

2016～2030年空间科学规划研究报告 / 吴季等著.—北京：科学出版社，2016.3

ISBN 978-7-03-047460-5

I. ①2...II. ①吴... III. ①空间科学-科学规划-研究报告-中国-2016～2030

IV. ①V1-12

中国版本图书馆 CIP 数据核字（2016）第 044018 号

责任编辑：朱萍萍　侯俊琳　程雷星 / 责任校对：郑金红
责任印制：徐晓晨 / 封面设计：可圈可点工作室

联系电话：010-6403 5853
电子邮箱：houjunlin@mail.sciencep.com

科 学 出 版 社 出版

北京东黄城根北街 16 号
邮政编码：100717
http://www.sciencep.com

北京凌奇印刷有限责任公司 印刷

科学出版社发行　各地新华书店经销

*

2016 年 3 月第 一 版　　开本：720×1000　1/16
2020 年 1 月第五次印刷　　印张：10 3/4
字数：220 000

定价：68.00 元

（如有印装质量问题，我社负责调换）

前　言

　　人类近代以来的发展历程，与之前数千年最大的不同是科学与技术成为人类社会发展的主要驱动力。特别是 20 世纪以来，科技推动人类社会飞速发展，其速度是以往无法想象的。进入 20 世纪下半叶以来，有两个科技领域的发展对人类社会产生了非常重大的影响：一个是信息科技领域；另一个就是空间科技领域。

　　空间科技从三个方面深刻影响着人类社会：第一方面是空间科学及其探索极大地丰富了人类对地球所在的空间环境和宇宙演化的知识，并从地球这个人类的摇篮向外迈出了第一步，登上了月球；第二方面是极大地改变了人类的日常生活，无处不在的卫星通信、卫星电视直播、卫星导航定位及依靠卫星对地球观测的天气预报和灾害预报，成为人们日常生活中必不可少的要素，离开了这些技术系统人们甚至无法正常生活；第三方面就是增强综合国力，太空已经成为最重要的战略制高点，外层空间是人类继陆地、海洋、领空之外的第四疆域。

　　空间科学是空间技术和应用发展的基石，有着"牵一发而动全身"的地位。空间科学，就是研究空间或者必须到空间去才能开展研究的科学。为了避免与传统的、地面上开展的天文观测混淆，空间科学的准确定义为：以空间飞行器为主要平台，研究发生在日地空间、行星际空间乃至整个宇宙空间的物理、天文、化学及生命等自然现象及其规律的科学，是高度综合与交叉性的前沿科学领域。开展空间科学研究所借助的空间飞行器就是离开地球表面进入高层大气、地球空间、太阳系深空的航天器。由于需要到地球大气层外的空间开展研究，1957 年 10 月人类发射了第一颗人造地球卫星之后，空间科学才真正成为一门独立的、但交叉性也很强的前沿学科，自此以后，空间科学以前所未有的崭新手段和强大能力开展研究，取得了重大成就，革命性的发现源源不断，超过了以往数千年的总和，众多的科学发现已向人类揭示出全新的宇宙景象，深刻改变了人类对自然和自身的认识，以及人类的生产生活方式。21 世纪，空间科学继续引领着人类社会发展，不断开辟新的前沿，呈现新的趋势。

空间科学探索是长期困扰人类的重大科学问题，如宇宙大爆炸之后到星系诞生之前发生了什么、神秘的黑洞及其周边、暗物质与暗能量、地球之外是否有生命（包括智慧生命）、太阳大爆发是否会威胁人类的生存、地球系统在人类活动逐渐增强的情况下将怎样演化等重大前沿科学问题。爱因斯坦曾经预言，自然科学的前沿将逐渐向宏观和微观两个前沿转移。目前，空间科学的研究正是既瞄准宏观的太空和宇宙，又瞄准微观的粒子和生命起源。因此可以说，空间科学是产生重大科学突破的前沿科学。

由于空间科学的探索性很强，对探测仪器和空间飞行器技术不断提出新的要求，现有的观测技术均已被普遍采用过。因此，要获得新的数据和信息将主要通过新的探测方法，如采用引力波探测技术、甚低频无线电谱段的高分辨率探测技术、常用谱段的高灵敏度探测技术或成像探测技术等。这一发展趋势不仅可以持续产生新的科学突破，还能极大带动相关技术的发展，使其延伸至其他应用领域，带来潜在经济效益，成为空间技术和应用发展的最主要驱动源。例如，目前手机上使用的高分辨率相机已经普遍采用了来自深空探测技术领域的 CMOS 成像技术。

空间科学同样也是外交与国际合作的主要阵地之一。第一，空间科学探索不接受重复，只有第一，没有第二。不重复别人的工作成为遴选项目时的首要标准。因此，从战略规划阶段开始就需要交流。第二，因为科学家的需求是无限的，而政府的投入是有限的，合作可以降低投入。探测数据总是要公开的，与其自己做不如大家联合做。第三，科学计划之间的合作往往能够达到"1+1>2"的效果。即使计划都是各自的，如果将两个计划相互协调，也可以达到事半功倍的效果。

自 1970 年成功发射我国第一颗人造卫星——东方红 1 号卫星以来，我国已发射各种应用卫星 100 余颗，建立了较完整的多种应用卫星体系，在空间技术与应用方面并不落后，具备进入空间和应用空间的能力，并逐渐发展成为世界航天大国。然而，长期以来"重技术、轻科学"的态度，造成了我国"既是航天大国，又是空间科学小国"的尴尬现状。目前在空间科学领域，我国还只是知识的使用国，一直在使用别人的知识，都是在跟着国外走。我国空间科学家大量使用国外科学卫星公开发布的数据。由于数据首先被国外科学家使用，这种"寄人篱下"的研究工作很难产生重大原始创新成果。我国要成为真正的强国、自立于世界民族之林，就绝不能只考虑眼前的利益，而是要为人类做出中华民族应有的贡献，才能获得世界人民真正的尊重。即便从空间技术发展的角度来讲，我国的空间技术早期也是靠国家急需和应用需求拉动的，这种拉动效果一直比较明显，但其相对比较单调，如果没有空间科学研究项目全面的、多样化的拉动，应用项目就会倾向于重复生产。平台型谱化、分系统设备共用化，以及生产过程和零配件的标准化等，这些做法对技术是限制的，对创新是遏制的，空间科学"千奇百怪"而又从不重复的技术需求则可以确保空间技术的创新驱动力。

当前，我国空间科学正处在历史上最好的发展时期，但现有空间科学任务多是"一事一议"，缺乏固定且不断增长的经费预算。因此当项目结束后，还需要再向国家申请下一个项目。纵观国际上空间科学发达的国家和地区，如美国、欧洲和日本，空间科学的经费预算在其整个航天预算中总是占有固定的比例。这样，就给科学家一个期盼，也给制定中长期的规划提供了条件。

为了更好地发展我国的空间科学，为今后的发展和国家预算的安排提供科学的输入和建议，中国科学院在启动空间科学战略性先导科技专项的同时，于 2012 年安排了"2016～2030 年空间科学规划研究"项目。本书正是这个项目研究的成果。全书由十章组成，第一章概述了空间科学的范畴；第二章介绍了国际空间科学发展趋势；第三章论述了国内空间科学发展现状；第四章对空间科学发展需求进行了分析；第五章按照"宇宙和生命是如何起源和演化的""太阳系与人类的关系是怎样的"两大主题及其所包含的问题和子问题框架介绍了空间科学领域的前沿科学问题；第六章是本书的核心部分，描述了至 2030 年发展战略目标、空间科学计划与任务建议、发展路线图和实施方式，并从预计国家科技投入的角度对规划实施的基础作了简要分析；第七章介绍了支撑空间科学发展的先进有效载荷技术、综合探测技术以及基础设施建设；第八章展望了 2030 年以后空间科学的发展；第九章提出了发展空间科学的政策措施建议；第十章为结束语。本书涉及的有关参考文献附于书后。

参与本书编写的主要人员为：

吴季、孙丽琳、尤亮、白青江、范全林（中国科学院国家空间科学中心），负责全书内容的编撰；

张双南、卢方军（中国科学院高能物理研究所）、常进（中国科学院紫金山天文台），负责空间天文领域内容的编写；

甘为群（中国科学院紫金山天文台）、颜毅华（中国科学院国家天文台），负责空间太阳物理领域内容的编写；

王赤、徐寄遥（中国科学院国家空间科学中心），负责空间物理领域内容的编写；

邹永廖（中国科学院国家天文台）、李磊（中国科学院国家空间科学中心），负责行星科学领域内容的编写；

施建成（中国科学院遥感与数字地球研究所）、胡雄（中国科学院国家空间科学中心）、陈洪滨（中国科学院大气物理研究所），负责空间地球科学领域内容的编写；

刘秋生、康琦、王双峰（中国科学院力学研究所）、潘明祥（中国科学院物理研究所）、冯稷（中国科学院北京综合研究中心），负责微重力科学领域内容的编写；

张元仲（中国科学院理论物理研究所），负责空间基础物理实验领域内容的编写；

龙勉（中国科学院力学研究所）、刘志恒（中国科学院微生物研究所），负责空间生命科学领域内容的编写；

孟新（中国科学院国家空间科学中心），负责空间科学探测综合技术领域内容的编写。

除此以外，空间科学领域的百余位专家和科研人员也投入了精力，参与了规划研究，并为书稿的成形贡献了智慧。

在本书形成过程中，国家空间科学专家委员会委员及中国科学院空间科学研究院战略研究专家组多次为规划研究提供咨询和指导。此外，还邀请了法国、美国、意大利、英国、荷兰、德国、俄罗斯、比利时、芬兰、中国台湾等国家和地区的专家学者对规划研究报告进行了咨询评议，并提出了修改意见和建议。

本书汇集了众多空间科学领域专家和学者多年辛勤付出所取得的研究成果及其在促进未来空间科学发展方面取得的共识，并得到了中国科学院领导、重大科技任务局、科学出版社等部门的悉心指导和大力支持，在此向所有为本书做出贡献的人们一并表示衷心的感谢！

期望本书能为广大读者增进对空间科学的了解、增强对空间科学的兴趣提供帮助，并作为中国未来空间科学发展规划决策的依据和参考，也希望本书能成为开展空间科学国际交流合作的桥梁和窗口！

吴 季

2015 年 12 月

目 录

第一章
引言

21 世纪以来，空间科学与技术的发展日新月异，人类探索宇宙的步伐越来越频繁，人类活动向太空的延伸也越来越深远，空间科学作为与重大科技突破和人类生存发展密切相关、能够引领密集技术创新的前沿交叉学科，在国家发展中发挥着越来越重要的作用，成为世界强国高度重视和争相支持的重要学科领域。

空间科学可基本划分为以下几个分支领域：空间天文、太阳物理、空间物理、行星科学、空间地球科学、微重力科学、空间基础物理和空间生命科学。

空间天文是借助航天器，在高层大气和大气外层空间区域进行天文观测和天体物理研究的学科。由于摆脱了地球大气层的影响，空间天文学的观测谱段可以覆盖从射电、红外、可见光、紫外到 X 射线、伽马射线的整个电磁波段，因而可以进行高灵敏度、高时间精度和高空间分辨能力的观测。通过已经实施的空间天文卫星，人类已经在红外、紫外、X 射线、伽马射线等电磁波波段发现了大批新的天体，对恒星、太阳系外行星、黑洞、中子星、宇宙伽马射线暴、星系、星系团，以及宇宙微波辐射等各种天体现象进行了精细的观测研究，获得了黑洞存在、宇宙加速膨胀的证据等重要科学发现，为人类认识宇宙及天体的起源和演化并验证和发展基本物理规律做出了突出贡献。目前，空间天文学主要围绕黑洞、暗物质和暗能量、宇宙的起源、天体和太阳系外生命的起源等重大科学问题开展观测和研究。

在太阳物理领域，由于太阳是唯一在所有参数上都能进行高分辨率详细观测研究的恒星，可将其视为天然的天体物理实验室，因此对太阳活动的发生与发展规律、起源与激发机制、能量释放与传播过程，以及物质运动特征的详细研究，可推广至宇宙间其他各类天体，对深化理解天体的形成与演化具有重要意义。太阳物理研究的核心问题是太阳磁场，主要方向集中在对小尺度现象和大尺度活动的研究上，包括对小尺度精细结构进行高时间和高空间分辨率观测和研究，以及对大尺度活动和长周期结构及演化进行观测和研究。此外，对小尺度现象和大尺度活动之间的相互关系进行研究也是一个重要的研究方向。

空间物理将日球层作为一个系统，主要研究发生在地球空间、日地空间和行星际空间的物理现象，研究对象包括太阳、行星际空间、地球和行星的大气层、电离层、磁层，以及它们之间的相互作用和因果关系。当前空间物理学研究日益突出对日地系统整体联系过程的研究，包括空间天气事件的大尺度扰动能量的形成、释放、传输、转换和耗散的全过程和基本物理过程，并延拓至太阳—太阳系联系，认知太阳电磁辐射和高能粒子对全球气候变化的影响途径和机制。太阳活动—行星际空间扰动—地球空间暴—地球全球变化—人类活动的链锁变化过程成为日地关系研究的主要方向。

行星科学研究行星的起源和演化、行星运行状态，寻找生命的宜居环境。研究对象包括太阳系内各层次天体的空间与表面环境、地理形貌、地质构造、物理成分、内部结构与物理场、起源与演化历史，探讨行星系统和太阳系的起源与演化，探索太阳系中的地外生命。借助于飞行器，人类已经在不同程度上对太阳系众多行星开展了探测，包括月球、火星、水星、金星、巨行星及其卫星、小行星和彗星。目前，人类的飞行器正飞往遥远的柯伊伯带。探测带来了很多惊人的发现，如月球陨石坑中的水冰、火星上近期水流的痕迹、"木卫二"的地下海洋、"土卫二"上的喷泉等。

空间地球科学主要依靠空间对地观测技术，对地球大气、海洋、冰雪、生态及岩石五大圈层中发生的主要变化及相互作用过程进行全面监测，深入认识地球五大圈层相互作用的机制和演化规律，同时结合地基和其他观测资料，分析研究并确定全球变化的不同侧面和反映（如温度、降水、冰盖、海平面、初级生产力等），研究全球变化的自然因素（驱动力）和人为活动的影响，全面了解地球系统的演化规律。

微重力科学主要研究微重力环境中物质运动的规律、重力变化对运动规律的影响。在微重力环境中，由地球重力效应引起的浮力、沉淀、压力梯度等过程基本消失，可以开展很多在地面上难以开展的基本物理规律研究和空间科学实验，以揭示因重力存在而被掩盖的物质运动规律。微重力科学主要包括微重力流体物理、空间材料科学和微重力燃烧科学等领域。微重力流体物理主要研究空间微重力环境下流体物质特性和动力学与热力学过程中的基本规律；空间材料科学研究受重力影响的材料（凝聚态体系）相变、晶体生长与材料形成过程等；微重力燃烧科学研究微重力条件下火灾预防、探测和扑灭的基本规律，深入探索燃烧过程中基本规律和特性。

空间基础物理利用空间微重力环境中的特殊实验手段检验并发现物质运动的基本规律，寻找新的相互作用和新机理。

空间生命科学借助航天技术提供的实验平台，研究在宇宙空间特殊环境因素（如微重力、宇宙辐射、真空、温变、磁变等）作用下的生命活动现象、过程及其规律，探索地外生命及人类在地外空间的生存表现和能力，研究生命的起源、演化与基本规律。空间生命科学的研究领域包括空间基础生物学、空间生物技术、空间医学/生理学基础及生命起源和地外生命探索等。主要研究方向包括重力生物学、空间辐射生物学、受控生态生命支持系统、空间生物技术、空间生物力学与工程、空间地磁生物学、空间医学/生理学基础、载人航天中的心理学和人的工效学，以及生命起源和地外生命探索、宇宙生物学等，部分方向在研究内容及方法上存在一定的交叉。

空间科学的发展离不开与之紧密相连的探测技术等关键技术的发展，尤其是那些目前不具备基础但需大力发展的技术和能力。空间科学探测综合技术方向包含可支持多个空间科学任务的共性/通用技术、制约空间科学发展的关键瓶颈技术、支撑平台技术和新空间技术等。

外层空间是人类共同的财富，探索外层空间是人类不懈的追求。当前，世界空间活动呈现蓬勃发展的景象，主要空间国家/组织相继制定或更新空间发展规划，空间科学事业在国家整体发展战略中的地位与作用日益突出，空间活动对人类文明和社会进步的影响进一步增强。

第二章
国际空间科学发展趋势

近年来，国际上新的空间规划相继发布，科学合作更加全面广泛，卫星计划任务陆续实施，科学成果不断涌现。其中，2000～2014 年世界主要空间国家/机构发射科学卫星及 2015 年空间科学任务经费统计如表 2-1 所示。

表 2-1　世界主要空间国家/机构 2000～2014 年发射科学卫星数量及 2015 年空间科学任务经费统计

	美国	欧洲空间局	俄罗斯	日本	印度
2000～2014 年发射科学卫星数量（个）	84	34	16	13	3
2000～2014 年发射科学卫星占总量比例（%）	27.6	11.1	9.8	17.5	8.1
2015 年空间科学任务经费投入	49.72 亿美元[①]	7.77 亿欧元[②]（合 8.45 亿美元）	332.5 亿卢布（合 6.18 亿美元）	114 亿日元（合 9.53 亿美元）	30 亿卢比[③]（合 0.5 亿美元）

注：①该数据为美国国家航空航天局（National Aeronautics and Space Administration，NASA）2015 年空间科学预算，未含微重力科学、空间生命科学和空间基础物理领域的投入；
②该数据为欧洲空间局（European Space Agency，ESA）2015 年空间科学预算，包含科学计划、机器人探索和空间地球科学领域的投入，未含微重力科学、空间生命科学和空间基础物理领域的投入；
③该数据为印度 2015～2016 财年（2015 年 4 月 1 日～2016 年 3 月 31 日）空间科学任务经费投入。

美国组建了科学、航天与技术委员会，设立了载人探索与运行任务部（Human Exploration and Operations Mission Directorate，HEO）、空间技术任务部（Space Technology Mission Directorate，ST），航天飞机结束 30 年的飞行，宣布退役，商业航天飞行和火星机器人探测取得重大进展；欧洲空间局（European Space Agency，ESA）新吸纳了罗马尼亚、波兰、爱沙尼亚、匈牙利四个成员国，确定了《宇宙憧憬（2015～2025）》（*Cosmic Vision 2015～2025*）规划中的多项任务；俄罗斯提出了《2030 年前航天活动发展战略》草案，加大航天投入；日本 2010 年在内阁府设空间战略办公室总揽国家航天项目，空间项目不断取得突破；印度在月球探测和火星探测器方面进展很快，空间项目经费投入不断增长。

2013 年 8 月，国际空间探索协调组发布了新版的《全球探索路线图》（*Global Exploration Roadmap*，*GER*），提议各国通过协调努力，以国际空间站（International Space Station，ISS）为起点，继续为向月球、近地小行星和火星进发的空间探索任务做准备，各参与机构认为载人空间探索将成为最成功的国际合作典范。

2011～2014 年全世界共发射了约 60 颗空间科学卫星，取得了一系列科学成果与发现。2012 年 8 月，美国国家航空航天局（National Aeronautics and Space Administration，NASA）"好奇"（Curiosity）号火星车在火星成功着陆，开始了其寻找火星生命的旅程，找到了更多的早期火星曾存在水和早期火星大气逃逸的证据。2013 年 9 月，NASA"旅行者"（Voyager）号探测器飞出日球层边界，进入了星际空间，被认为是人类科学史上最伟大的成就之一。2014 年，开普勒卫星发现了 900 颗系外行星，将已确认发现的系外行星数目翻倍。同年，ESA"罗塞塔"（Rossetta）号探测器搭载的"菲莱"（Philae）着陆器在彗星"丘留莫夫·格拉西缅科"（67P）上成功登陆，实现了人类探测器首次登陆彗星。

第一节 国际各主要空间国家发展战略最新进展

一、美国

近年来，美国正式组建了众议院科学、航天与技术委员会（Committee on Science，Space，and Technology，CSST），NASA 设立了载人探索与运行任务部、空间技术任务部。在总体空间规划方面，出台了《全球探索路线图》《战略空间技术投资规划》（*Strategic Space Technology Investment*

Plan，*SSTIP*），并分别于 2011 年和 2014 年发布了其战略规划及科学规划，美国国家研究理事会（National Research Council，NRC）发布了《天文学和天体物理学的新世界和新视野》《太阳与空间物理——服务于技术社会的科学》《2013～2022 年美国行星科学的发展愿景》《空间地球科学及应用——未来 10 年及以后的国家需求》《面向空间探索的未来——新时代的生命和物理科学研究 2016～2030》等多个领域的 10 年规划报告，列出了多个领域未来空间科学任务建议，对今后 10 年及更远进行了规划。

在月球探测方面，2010 年，NASA 取消重返月球计划——星座计划（Constellation Program）；2011 年，NASA 发射了"重力勘测和内部研究实验室"（Gravity Recovery and Interior Laboratory，GRAIL）；2012 年，GRAIL 提前完成主要任务并按计划撞击月球。NASA 正致力于研制在月球探寻并利用水资源的机器人。在火星探测方面，NASA 将载人空间探索的优先目标确定为火星，计划于 2020 年再次发射火星车，重点探寻火星过去生命迹象、收集并带回火星岩岩芯及土壤等，公布了登陆火星"三步走"计划，即主要依托 ISS 的第一阶段、数日间返回地球的地–月空间"试验场"第二阶段，以及实施火星邻近区域包括火星卫星的载人任务并最终登陆火星的第三阶段。

在航天飞机计划方面，2011 年，"亚特兰蒂斯"号航天飞机返回地面并退役，标志着 NASA 为期 30 年航天飞机计划的结束，美国与俄罗斯签署了 ISS 宇航员运送合同，同时投资开发全新的空间运输系统，启动了商业轨道运输服务项目并已取得初步成功，下一步还将实施商业载人项目，计划从美国本土采用美国制造的航天器把宇航员送上太空。在 ISS 方面，2011 年，ISS 主体建造完成，进入全面应用时代，已完成 600 多项科学研究和技术试验，其中许多项目有助于在医药、人体循环系统及对宇宙的基本了解方面取得进步。ISS 将维持运营至 2024 年，预期将开展数千项科学实验、科学观测、空间应用和技术试验，将是人类有史以来规模最大的空间研究活动。

在经费投入方面，近几年 NASA 总预算略呈小幅下滑态势，2015 财年申请预算 174.61 亿美元，比 2014 财年减少了 2.54 亿美元，但其中空间科学预算基本保持稳定在 50 亿美元水平。2011～2015 财年，空间科学预算占 NASA 总预算的年平均比例为 27.5%，如表 2-2 和图 2-1 所示。

表2-2 NASA年度经费总预算和空间科学预算表 （单位：亿美元）

年份	2011年	2012年	2013年	2014年	2015年
总预算	190	187.24	177.11	177.15	174.61
空间科学*	50.06	50.17	49.11	50.18	49.72

注：*数据为NASA空间科学预算，未含微重力科学、空间生命科学和空间基础物理领域的经费预算。

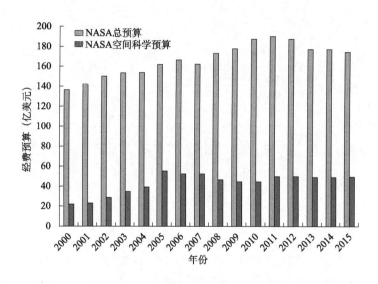

图2-1 NASA 2000～2015财年总预算和空间科学预算

资料来源：CAS/NSSC

在科学卫星任务方面，美国在天体物理、日球层物理、行星科学、空间地球科学四个领域部署了一系列科学卫星任务，未来5～10年拟发射的空间科学卫星任务如表2-3所示。

表2-3 美国未来5～10年拟发射科学卫星任务

序号	时间	科学卫星任务	任务经费	所属计划	所属领域
1	2016年	"洞悉"号（InSight）*	4.25亿美元		行星科学
2	2017年	凌日系外行星勘测卫星（Transiting Exoplanet Survey Satellite, TESS）	2亿美元	基于大学团队的项目	天体物理
3		GRACE后续任务（Gravity Recovery and Climate Experiment Follow-on, GRACE Follow-on）			空间地球科学
4	2018年	太阳探针（Solar Probe Plus）			日球层物理

续表

序号	时间	科学卫星任务	任务经费	所属计划	所属领域
5	2018 年	詹姆斯·韦伯空间望远镜（James Webb Space Telescope, JWST）	88.35 亿美元	"旗舰"计划	天体物理
6		冰、云及陆地高程二号卫星（Ice, Cloud, and land Elevation Satellite, ICESat II）	3 亿美元	"地球系统任务"计划	空间地球科学
7	2020 年	火星 2020 任务（MARS 2020）			行星科学
8	2021 年	形变、生态系统结构和冰川动力学卫星（Deformation, Ecosystem Structure and Dynamics of Ice, DESDynI）	7 亿美元	"地球系统任务"计划	空间地球科学
9	不早于 2023 年	气候绝对辐亮度和折射观测卫星（Climate Absolute Radiance and Refractivity Observatory, CLARREO）	2.65 亿美元	"地球系统任务"计划	空间地球科学

注：*美国已取消"洞悉"号 2016 年的发射任务，错过了此次发射窗口，将使其发射延期至少 26 个月之后。

二、ESA

ESA 分别于 2011 年 12 月、2012 年 11 月和 2015 年 2 月吸收罗马尼亚、波兰、爱沙尼亚和匈牙利为其正式成员国，ESA 正式成员国数量达 22 个。2012 年 11 月，ESA 召开部长级会议，决定拨款 100 亿欧元投资 ESA 未来数年的空间活动和计划。ESA 借鉴英国航天政策经验，采取公私合作方式拓展商业市场。在国际合作方面，ESA 在美国退出后与俄罗斯合作开展火星探测、在英国设立了应用与电信中心、与日本宇宙航空研究开发机构（Japan Aerospace Exploration Agency，JAXA）签署了合作协议、为织女火箭选择乌克兰发动机、为越南发射对地观测卫星，并与中国联合征集遴选中欧联合空间科学卫星任务。

截至 2014 年年底，ESA 确定了其《宇宙憧憬（2015～2025）》规划及其他计划中的多项任务，包括两个大型任务（L 级）——"木星冰卫探测器"（JUpiter ICy moons Explorer，JUICE）（L1）及"雅典娜"任务（ATHENA）（L2）；三个中型任务（M 级）分别为"太阳轨道器"（Solar Orbiter）（M1）、"欧几里得"（Euclid）（M2）和"柏拉图"（PLATO）（M3）任务；小型任务（S 级）已确定"地外行星描绘卫星"（Characterising ExoPlanet Satellite，CHEOPS，S1）项目，中欧联合空间科学卫星任务将作为第二个小型任务（S2）实施。接下来的大型科学任务（L3）将致力于探测引力波。火星生命探测计划（ExoMars）确定与俄罗斯联合实施。

尽管受到金融危机的影响，2011～2015 年 ESA 总经费预算和空间科学预算总体呈增长态势，如表 2-4 所示，分别由 2011 年的 39.938 亿欧元和 7.078 亿欧元增至 2015 年的 44.33 亿欧元和 7.773 亿欧元。2011～2015 年，ESA 空间科学投入占其总投入的年平均比例为 17.85%。其中，ESA 2015 年预算分配如图 2-2 所示。

表2-4 ESA 年度经费预算和空间科学预算表　（单位：亿欧元）

年份		2011 年	2012 年	2013 年	2014 年	2015 年
总预算		39.938	40.20	42.821	41.021	44.33
空间科学	科学项目	4.648	4.797	5.079	5.065	5.079
	机器人探索	1.294	1.23	1.386	1.349	1.558
	地球科学*	1.136	1.136	1.136	1.136	1.136

注：*数据为 ESA 对地观测项目部经费预算中用于空间地球科学卫星研发的经费年平均数。

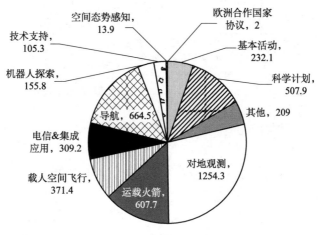

图 2-2　ESA 2015 年预算及其按项目类别构成（单位：百万欧元）

资料来源：ESA 官网

在科学卫星任务方面，ESA 按照《宇宙憧憬》规划的 L、M、S 级不同规模任务，在天体物理、行星探测、太阳和空间物理、基础物理四个领域择优实施，另外还将实施对地观测计划中的地球探索项目以及国际合作项目。ESA 未来 5～10 年拟发射的科学卫星如表 2-5 所示。

表 2-5　ESA 未来 5-10 年计划发射的科学卫星任务列表

序号	拟发射时间	科学卫星任务	所属计划	所属领域
1	2016 年	ExoMars "示踪气体轨道器" （Trace Gas Orbiter, TGO）和 "再入、下降及着陆演示器模块" （Entry, Descent and Landing Demonstrator Module, EDM）	"极光"计划，与俄罗斯合作	行星科学
2	2017 年	Bepi-Colombo 水星探测任务	"基石"级任务，与日本合作	行星科学
3		"风神"大气动力学任务 （Atmospheric Dynamics Mission Aeolus, ADM-Aeolus）	"地球探索"项目	空间地球科学
4		CHEOPS	"宇宙憧憬"S 级任务	天体物理
5	2018 年	ExoMars 火星车	"极光"计划，与俄罗斯合作	行星科学
6		地球云、气溶胶与辐射测量任务 （Earth Clouds Aerosols and Radiation Explore, EarthCare）	与日本合作项目	空间地球科学
7		"太阳轨道器"（Solar Orbiter）	"宇宙憧憬"M 级任务	太阳和空间物理
8		低成本卫星 Proba-3		太阳和空间物理
9	2020 年	Euclid	"宇宙憧憬"M 级任务	天体物理
10	2024 年	PLATO	"宇宙憧憬"M 级任务	天体物理
11	2021 年	太阳风-磁层相互作用全景成像卫星 （Solar wind-Magnetosphere-Ionosphere Link Explorer, SMILE）	"宇宙憧憬"S 级任务，中欧联合任务	太阳和空间物理
12	2022 年	JUICE	"宇宙憧憬"L 级任务	行星科学

三、俄罗斯

2011 年，在遭遇 5 次发射失败后，俄罗斯提出重组俄罗斯航天局（Roscosmos）、将俄罗斯航天工业合并成为股份公司的变革航天工业的建议；2013 年年底，Roscosmos 被一分为二，承担研制和生产航天设备的企业被合并到新成立的联合火箭航天集团公司（URSC），作为总承包商，同时保留 Roscosmos 作为行政机构在航天项目中充当组织者和国家订货商，并负责制定国家航天政策；2015 年 7 月，俄罗斯总统普京签署了在合并 Roscosmos 和 URSC 的基础上成立俄罗斯国家航天集团公司（Roscosmos）的法案，旨在完善空间活动的管理体系，保持和发展火箭航天工业机构的科研和生产潜力。在发展战略方面，2012 年，俄罗斯航天局向政府提交《2030 年前航天活动发展战略》草案，2013 年公布了《2013～2020 年俄罗斯航天活动》国家规划，提出 2020 年前俄罗斯航天投入的优先方向为：保障俄罗斯进入空间的通道、研制航天设备满足科学需求、载人航天。在火星探测方面，"福布斯-土壤"任务（Phobos-Grunt）发射失败，俄罗斯加入了 ESA 的 ExoMars 计划。

在经费投入方面，根据《2013～2020 年俄罗斯航天活动》国家规划，俄罗斯在未来几年将投入 2.1 万亿卢布（约合 700 亿美元）支持航天事业发展。根据俄联邦 2014～2016 年预算草案，2016 年航天活动联邦专项计划预算拨款量将会增加 277 亿卢布，主要用于实施俄罗斯全球卫星导航系统"格罗纳斯"（Glonass）计划。2010～2015 年，俄罗斯宇宙空间研究和利用项目经费预算占俄罗斯航天局总经费预算的年平均比例为 21.1%，如表 2-6 所示。

表 2-6　俄罗斯航天局年度经费总预算和空间研究预算表　　（单位：亿卢布）

年份	2010 年	2011 年	2012 年	2013 年	2014 年	2015 年
总预算	845.78	942.41	1439.83	1650.51	1658.14	1806.33
宇宙空间研究和利用	233.12	230.10	341.48	339.34	280.12	332.53

在科学卫星任务方面，俄罗斯将实施空间天文台、月球探测和取样返回、行星探测等多项任务。俄罗斯未来 10 年计划发射的科学卫星任务如表 2-7 所示。

表 2-7　俄罗斯未来 10 年内拟发射科学卫星任务

序号	拟发射时间	科学卫星任务	所属领域
1	2016 年	Monitor Vsego Neba（MVN）	空间天文
2		ExoMars TGO & EDM，搭载了俄研发仪器	行星科学
3	2017 年	BepiColombo，搭载了俄研发仪器	行星科学
4		光谱-伦琴-伽马天文卫星（Spectrum-RG）	空间天文
5		Space Complex "Ionozond"	空间物理 太阳物理
6	2018 年	ExoMars 火星车，搭载了俄研发仪器	行星科学
7	2019 年	Luna-25（Luna-Glob）	行星科学
8	2020 年	生物-M2（Bion-M2）	空间生命科学
9		生物-M3（Bion-M3）	空间生命科学
10	2021 年	Luna-Resours-orbiter（Luna-26）	行星科学
11		Luna-Resours-lander（Luna-27）	行星科学
12		共振（RESONANCE）	空间物理 太阳物理
13		世界空间紫外天文台（Spectr-UV/ WSO-UV）	空间天文
14	2020 年左右	Apophis	行星科学
15	2022 年	火卫一采样返回任务（Phobos-SR）	行星科学
16	2024 年	Luna-Grunt（Luna-28）	行星科学
17		远征-M（Expedition-M）	行星科学
18		ARKA 太阳观测台	太阳物理
19	2025 年	Spectr-Millimetron	空间天文
20		Interhelioprobe	空间物理 太阳物理

四、日本

2010 年 7 月以来，日本调整了空间政策，修改法律为发展军事航天系统铺平了道路，在内阁府设空间战略办公室总揽国家航天项目，并加强商业航天活动，参与商业航天竞赛。日本在月球探测、小行星探测、水星探测、技术验证、试验小卫星、导航卫星等空间项目及空间运输系统研发等方面取得了重要进展，并发布了长期空间开发利用计划。

日本分别与美国、意大利、挪威、法国、澳大利亚、韩国、越南、缅甸等国在众多不同领域开展了多层次的合作。

在经费方面，2010～2012 年，JAXA 的年度经费预算小幅下滑，由 1918 亿日元降至 1834 亿日元，2015 年又增至 1840 亿日元。2010～2014 年，JAXA 空间科学项目经费占其总预算的年平均比例为 20%，具体情况如表 2-8 所示。

表 2-8　JAXA 年度经费总预算和空间科学及地球观测系统预算表（单位：亿日元）

年份		2010 年	2011 年	2012 年	2013 年	2014 年	2015 年
JAXA 总预算		1918	1866	1834	1854	1816	1840
空间科学	研究项目	129.01	207.37	169.42	261.82	162.52	114.32[①]
	探测项目	32.05	17.22	13.98			—
地球观测系统		170.62	101.25	202.70	265.24	151.78	99.68[②]

注：①仅为 X 射线天文卫星 ASTRO-H 的当年预算；
②仅为第二颗温室气体观测卫星 GOSAT-2 及气候变化观测系列卫星 GCOM-C 的当年预算。

在空间科学卫星方面，JAXA 将实施空间天文、空间地球科学、行星科学、太阳物理、空间物理等领域的任务。JAXA 未来 5 年计划发射的空间科学卫星如表 2-9 所示。

表 2-9　日本未来 5 年拟发射的科学卫星任务

序号	时间	科学卫星任务	所属领域
1	2015 财年及以后	ASTRO-H 第六颗 X 射线天文观测卫星	空间天文
2		EarthCare	空间地球科学
3		BepiColombo	行星科学
4		全球变化观测任务-气候变化观测卫星 1 号（Global Change Observation Mission，GCOM-C1）	空间地球科学
5		温室气体观测卫星（Greenhouse gases Observing SATellite-2，GOSAT-2）	空间地球科学

续表

序号	时间	科学卫星任务	所属领域
6	2015 财年及以后	地球空间探测器（Exploration of energization and Radiation in Geospace，ERG）	空间物理
7		月亮女神-2（Moon lander，SELENE-2）	行星科学
8	约 2020 年	Solar-C 太阳探测计划	太阳物理

五、印度

近年来，印度在月球探测、地球观测和火星探测方面取得较大进展。印度空间研究组织（Indian Space Research Organisation，ISRO）确定了"月球航行-2"（Chandrayaan-2）任务有效载荷配置；2010 年，ISRO 提出拟在 10 年内发射 30 颗对地观测卫星，以加强空间技术在社会发展中的应用。2013 年，印度发射了火星轨道器，研究火星的大气，并希望成为第四个将人类送往太空的国家，将独立建造载人空间舱。2015 年 9 月，印度第一颗天文卫星 ASTROSAT 成功发射。

印度近年来航天预算持续增长，2011～2012 财年预算较前一财年增长超过 35%，2015～2016 财年空间预算总额增至 739 亿卢比。

在空间科学卫星方面，印度将实施行星科学、太阳物理等领域的任务。未来 5 年印度计划发射的科学卫星任务如表 2-10 所示。

表 2-10　印度未来 5 年拟发射的科学卫星任务

序号	时间	科学卫星任务	所属领域
1	2017～2020 年	金星任务	行星科学
2	2017 年	Chandrayaan-2	行星科学
3		Aditya-1 日冕物质抛射探测（2017～2018 年）	太阳物理

第二节　国际空间战略发展特点

美、欧、俄、日、印等国际主要国家空间科学发展战略与任务计划方面的发展态势，有以下几方面的特点。

一、稳定空间科学投入

在空间投入方面，各国情况不一，体现了量力而为的特点。近年来，NASA 的总预算出现波动，由高峰时期 2011 财年的 190 亿美元下降到 2015 财年的 174.61 亿美元。2011～2015 年，ESA 经费总预算和空间科学项目经费预算总体呈增长态势。俄罗斯航天局经费预算自 2010 年以来不断增长。日本 JAXA 的年度经费预算在 2011～2015 年略有波动。印度近年来航天经费预算稳定增长。尽管各国年度空间总投入略有起伏，但空间科学投入总体保持稳定，NASA 空间科学任务的年投入基本稳定在 50 亿美元左右，近几年 ESA 空间科学任务年投入也保持在 7 亿欧元水平之上，每年略有增长。

二、更新发展规划

2010 年以来，国际主要空间国家纷纷更新或新制定了一系列空间发展战略规划，为未来空间任务的部署和实施指明了方向。美国出台了《全球探索路线图》《战略空间技术投资规划》，并发布了空间科学各领域的《十年调查》，确定了未来 10 年间拟开展任务的优先级；ESA 确定了《宇宙憧憬（2015～2025）》规划及其他计划中的一系列卫星任务；俄罗斯批准了《2013～2020 年俄罗斯航天活动》国家规划；其他国家（如英国、意大利、日本、韩国、巴西等）也制定并实施了各自新的空间发展战略规划。这些空间发展战略规划反映了各国在空间发展方面的前瞻性、长期可持续性及适应经济社会发展战略需求的必要的灵活性。

三、完善机构建设，提高发展效能

近年来，国际主要空间国家纷纷开展了机构建设的完善工作：美国正式组建了众议院科学、航天与技术委员会，NASA 将空间运行任务部与探索系统任务部合并为载人探索与运行任务部，新设立了空间技术任务部；ESA 新吸纳了四个正式成员国，在英国设立欧洲空间应用与电信中心；英国航天局正式运行；俄罗斯更换了数任航天局局长，重构了国家航天机构；日本在内阁府设空间战略办公室总揽国家航天项目。这些机构改革和建设行为表明，国际主要空间国家期望通过机构建设提高效能和竞争力，促进本国本地区空间活动能力的提升与产业的发展。

四、加强商业航天发展，鼓励私营航天企业参与航天事业

美国、ESA 及其成员国、日本等国在新的时期纷纷制定政策，采用联合或购买等方式，把部分航天产品与服务的生产和提供让渡给私营航天企业，一方面省出资源专注于更先进的科学技术研发与创新探索，保持领先优势和竞争力；另一方面促进本国、本地区商业航天发展，增加就业、培育市场，直接带动经济社会发展，使航天产业释放出更大的效益扩散效应。

五、国际空间合作日益广泛而深入

空间科学是国际空间合作最活跃的领域，也是各国开展科技外交和国际政治活动的重要手段，跨国、跨机构、跨组织的国际空间合作呈现出由双边向多边、由单一层面向多层面、由交换发射机会向共同策划实施空间任务发展的态势，开放务实、合作共赢成为国际空间领域的共识。ISS 作为国际合作的典例，已建成并转入全面使用阶段，各主要参与国家都在紧密部署更多科学和应用研究，并研制更多更高水平的科学应用载荷送往 ISS。其他国与国间的双边与多边空间合作、空间任务不同层级的合作、提供产品或服务的合作等，也都在积极活跃地开展。中国作为国际空间科学领域的新兴力量，与 ESA 联合遴选并实施空间科学卫星任务，对开展国际空间合作起到了良好的促进作用。

第三节 空间科学与探测发展趋势

随着探测手段的不断完善及人类认知能力的不断提高，空间科学领域的探测与研究也在向更深、更广、更精细化的方向不断拓展，表现在以下方面。

（1）开展小尺度的精细结构和大尺度的物理规律的科学探索，加深对宇宙基本物理过程的认识。研究极端条件下的物理规律及暗物质与暗能量的物理本质及其在宇宙中的分布。

（2）探测系外行星并观测其大气等表面特征，回答地球和人类在宇宙中是否独一无二这一根本性科学问题，并研究不同类型行星的发展和演化规律。

（3）通过对太阳小尺度的精细结构进行高时间/空间分辨率的观测和对大尺度活动、长周期结构及演化进行整体观测，建立小尺度运动与大尺度变化的联系，揭示太阳磁场、太阳耀斑和日冕物质抛射（Coronal Mass Ejection，CME）的物理成因及其相互作用。

（4）通过对日地空间关键区域开展探测，了解日地空间天气链锁变化过程及其变化规律，认识太阳活动对地球空间和人类社会的影响，为精确的实时空间天气预报服务。

（5）开展太阳系探测，拓展人类活动疆域，增进对太阳系天体的起源与演化的认识，为寻找地外生命提供线索。

（6）将地球作为一个系统开展研究，重点关注驱动地球系统的关键循环过程，回答各循环系统如何变化、成因是什么、未来变化趋势是怎样的等问题。

（7）通过微重力环境下的实验开展流体物理、燃烧科学、材料科学等基本物理过程和规律的研究，揭示因重力存在而被掩盖的物质规律；通过空间实验进行基本物理理论和物理定律预言的检验，探索当代物理的局限；提供新一代时空基准。

（8）开展空间环境下生命科学基础与机理研究，探索地外生命及人类在地外空间的生存表现和能力，研究生命的起源、演化与基本规律，为人类空间探索提供生命保障。

（9）空间探测技术正向着更高（灵敏度）、更精（分辨率）、更强（多任务、多功能）、更准（标定能力）和更宽（观测范围/谱段）的方向发展；新的实验手段和观测窗口将被广泛利用和开拓，编队飞行等探测方式将变得越来越普遍，实现更微小、更轻型和更节省资源的技术将渐成趋势。

空间科学各领域的发展趋势如下。

一、空间天文

目前，空间天文的重要前沿是开展小尺度的精细结构和大尺度的物理规律的科学探索，加深对宇宙和主宰其行为的物理过程认识，试图回答宇宙是如何起源的、黑洞的形成及演化、恒星和星系是如何形成与演化的等问题及研究暗物质与暗能量的物理本质和在宇宙中的分布、寻找类地行星系统。

空间天文探测全面利用优良的天文观测条件及构建长基线望远镜所需要的大尺度空间，进入了全电磁波波段时代，开辟了从伽马射线到射电波段的多波段、全天时、全方位、高分辨率、高灵敏度和宽视场探测的新纪元，开始在空间通过探测宇宙线粒子研究宇宙暗物质，未来的空间引力波探测将开辟人类观测宇宙的新窗口。高能天文观测一直是空间天文探测的先行者，也一直是空间天文的主要领域，其探测能区、灵敏度、能量分辨率都在不断提高。当前空间天文探测从技术突破开辟新窗口的起步时期进入了以重大科学目标为驱动的成熟期，基于在轨运行卫星的观测数据所开展的天文学研究构成了研究的主题，未来卫星的发射计划则决定着今后数年天文学研究的发展趋势。此外，利用各种天文手段（包括地基和空间观测设备）在多个电磁波段寻找太阳系外行星（尤其是类日地系统的其他恒星-行星系统）正迅速成为当前天文学研究和观测的热点。

二、太阳物理

目前，国际上空间太阳物理研究有两个主要的发展趋势：一是对小尺度的精细结构进行高时间和高空间分辨率的观测和研究；二是对大尺度活动和长周期结构及演化进行观测和研究。对小尺度现象和大尺度活动之间的相互关系进行研究仍然是一个引人关注的重要方面。由此延伸出的太阳剧烈活动对人类生存环境的影响，已经成为当代自然科学中的一个重大前沿课题，与空间物理和空间环境研究开始密切结合。另外，天基与地基相结合的观测体系也日趋完善。

当前太阳与日球物理的探测进入了一个全面发展时期，空间卫星探测占据了主导地位，一系列太阳探测卫星无论是在探测技术还是在探测范围上都得到了空前的发展，开始了多波段、全时域、高分辨率和高精度探测的时代。在未来的几年内，还将发射一系列重要的太阳观测卫星。

三、空间物理

空间物理探测和研究正朝着整体性、系统性、前沿性和精细化探测方向发展，主要表现在以下几个方面。

（1）突出日地整体联系研究，天基与地基相结合的观测体系日趋完善。从 20 世纪 90 年代开始，人们逐渐认识到把日地系统作为一个有机因果链进行研究的重要性，美国、欧洲、日本纷纷制定国家空间天气计划，建立天基和地基相结合的空间环境监测体系，发展空间天气预报模式，实现常规和可靠的空间天气预报。美国的"与日共存"（Living With a Star，LWS）计划将在太阳附近和整个日地系统配置 20 余颗卫星，将日地系统作为一个有机联系的整体来探测研究。

（2）多颗卫星联合的多时空尺度探测成为主流。空间物理探测一方面发展小卫星星座探测技术，观测小尺度三维结构，区分时空变化；另一方面建立大尺度的星座观测体系，实现立体和全局性的观测。空间环境探测与研究的发展已经由定性、单因素或为数不多的空间环境因素的探测研究进入了精细化的多因素耦合或协同探测研究的新阶段。

（3）探测区域不断扩展，向未知空间区域的探测成为前沿。未来的太阳和行星际的探测都在向空间天气的源头——太阳不断逼近，一系列空间探测计划正向太阳系的火星、金星、水星、土星、木星和小行星等深空进军，空间物理的探测也成为重要的组成部分。

空间物理开始成为服务于高科技社会的科学，与应用结合的空间天气学应运而生，并在 21 世纪蓬勃发展。

四、行星科学

近年来，国际上开展了并将继续开展对月球、火星、金星、水星、小行星与彗星、巨行星等目标的探测，呈现出探测距离由近及远、探测对象多元化、探测方式多样化、探测内容不断细化、探测手段不断拓展、参与国家越来越多、国家合作更加广泛、科学牵引作用不断增强的趋势。

在探测目标方面，火星探测成为热点，载人火星探测成为前沿的空间探索项目，为载人火星探测作准备的近地小行星任务和月球任务正在积极准备中，以小行星和彗星为探测目标的深空探测任务不断增加，木星系统、水星等的探测任务正在研制，金星探测等任务也有了规划。

在探测方式方面，深空探测任务常采用多目标多任务的探测方式，常见的任务形式主要有三类：使用一个飞行器对多个探测目标进行探测；探测任务目标中结合科学探测和新技术试验验证；通过复合飞行器（两个以上飞行器的复合体）分别对不同目标或不同任务实施探测。无人深空探测不仅是实现载人探测的必要准备和技术验证的先导，而且是与载人探索协同的必要组成部分，同时由于开展无人深空探测的目标范围更广，几乎覆盖了太阳系内所有的行星和小天体，具有更广的科学应用前景。

在为低地轨道以外的载人探索做准备方面，2013 年版的《全球探索路线图》的任务方案确定了在月球附近和月球表面的一系列任务，这些任务将有助于提高 2030 年以后实施的载人火星任务的成熟度。延长在月球附近乘员组任务及容易到达的小行星任务的时间，将会取得大量新发现，并能够演示验证长期深空任务必须依赖的运输、居住、机器人维护和其他关键系统。载人月球表面任务将对行星探索能力和技术进行关键验证，同时实现具有最高优先级的月球科学目标。

五、空间地球科学

当前国际空间地球科学及探测技术发展具有以下几方面的趋势。

依靠空间对地观测技术，对地球五大圈层中发生的主要变化及相互作用过程进行全面的监测。结合对地观测业务卫星，建立综合地球观测系统，形成长时间序列、高时空分辨率的实时对地观测能力，地球科学数据得到极大的共享利用；验证并改进对地球五大圈层主要过程和地球系统的描述和模式化，提高天气预报、气候环境和全球变化及相关灾害的预报预测水平。空间地球观测正趋向于获得更高时空分辨率的三维动态地球环境科学数据，实现空间观测与地球系统模式的有机结合，扩大地球变化模拟和预报预测信息的应用范围，增加空间地球科学的经济社会效益。

对地观测的发展越来越具有明确的科学驱动和目标。测量地球系统的一些关键参量（如能量循环、水循环和临近空间大气环境主要参量）、验证若干先进的空间遥感技术正成为对地观测卫星的重要任务目标。采用多种空间观测平台、多谱段（可见光、近红外、中红外、热红外直至微波）、多角度、主被动结合、静止和极轨卫星结合的手段，以互相补充和交叉验证方式对地球整体进行多学科任务的观测。

遥感综合对地观测和地球系统科学研究作为一个有机的整体相互促进、不断深入。地球系统科学研究不但需要高精度、多尺度、立体、全覆盖、连续过程的遥感监测信息，而且对遥感监测信息提出了更高的要求。这些需求促进了全球范围内各种卫星计划、新型传感器和反演方法的发展。国际上主要的地球系统模拟计划都把观测系统及其处理技术（数据同化）作为地球系统模拟的一个有机整体。遥感观测与地球系统各模型的有机结合研究已成为目前发展的主要趋势。

六、微重力科学

微重力流体物理的研究将以探知极端物理条件下的流体物理基本理论、解决人类太空生存环境和月球（火星）等深空探索活动中的微/弱重力等极端环境下的相关流体问题为主要研究目标，以研究天基和地基环境中的流体运动规律及液-气、液-固和气-固界面过程为主要内容，为人类长期空间探索活动和相关地基科学研究及生活的进步提供新理论、新技术和新工艺。

空间材料科学当前及未来的主要研究方向包括：化合物半导体晶体生长与金属合金凝固的界面稳定性、形态演化与缺陷控制；分子束外延及气相沉积技术制备薄膜；自蔓延燃烧合成及泡沫材料；尘埃等离子体与胶体体系的相变；相分离与聚集行为；金属合金熔体的过冷性质与非平衡相变；熔体中的扩散输运机制熔体热物理性质。

微重力燃烧近年来的研究进展以 ISS 取得的科研成果为代表，已经完成和计划开展的研究课题涵盖燃烧科学的主要领域，并兼顾航天器防火安全和燃烧基本规律两个研究方向，主要前沿科学问题包括：近可燃极限液体燃料和固体材料燃烧规律；扩散火焰碳烟机理；燃烧反应动力学和燃烧模型；航天器火灾预防、探测和灭火的基础问题。各主要国家高度重视 ISS 的利用，同时也积极开展相关的地基研究，并制定了微重力燃烧研究的发展规划。

七、空间基础物理

鉴于空间基础研究的科学目标和科学意义的重要性，多年来国内外的空间基础物理实验研究发展迅速，涌现出众多的空间基础物理实验计划，其中一些计划已经在实施，更多的空间计划在不断论证，未来会有更多的空间计划付诸实施，必将会诞生一批重要成果乃至重大发现。

国外在空间站和科学卫星上已经开展和计划开展的基础物理领域的计划和项目的科学目标主要是：在更高的精度上检验等效原理和相对论预言（如时钟变慢、引力红移、磁型引力效应、光速不变原理、罗伦兹不变性、引力定律等）；冷原子新现象和新物态的研究及其应用研究，在应用方面主要是高精度检验和验证等效原理和相对论预言。

各国在支持空间物理实验的同时，也开展了许多基于地面环境的研究项目，NASA 资助的研究项目中，地面实验与空间实验项目的数目比例约为 6：1。

八、空间生命科学

在重力生物学方面，动物重力生物学目前主要集中在空间微重力环境下骨质流失、免疫异常和发育改变等方面；植物向重性研究、植物微重力效应研究是植物重力生物学热点研究方向；微生物与水生生物重力生物学研究主要以单细胞藻类、多细胞群体固着藻类、无脊椎动物、水生脊椎动物等为主。

在空间辐射生物学方面，主要研究高能重离子辐射对动物机体的生物学效应；空间高线性能量转移（Linear Energy Transfer，LET）、低剂量长期暴露对植物生长发育、遗传稳定的影响；空间辐射对微生物影响的规律和机制，太空辐射所致的微生物生长、形态、理化性质和遗传、变异等多个方面的改变。

在空间生态生命支持系统（Controlling Ecological Life Support System，CELSS）方面，主要研究单元系统着重提高光合作用效率，获得最大生物量；多元系统具备光合生物（微藻、高等植物）、动物和微生物等复合功能。

在空间生物力学与工程方面，空间微重力环境对动物、植物、微生物的影响规律，尤其是不同层次（分子→个体）的力学–生物学耦合机制及其在空间生理学与医学的理论基础。

在空间生物技术方面，研究细胞三维生长、机体组织和器官人工构建；骨髓间充质干细胞、造血干细胞、肝干细胞等；空间蛋白质晶体生长机理、重要蛋白质结构与功能关系、重大生物学意义蛋白结晶。

在空间生命科学与生物技术前沿探索方面，研究空间亚磁场对生命的影响、效应产生的细胞分子机制与对抗措施、亚磁复合其他环境因素的生物学耦合效应；生命起源中遗传物质的选择、生物膜的起源；拓展自然进化中未触及的领域、改造生命使之适应宇宙环境。

在宇宙生命起源与地外生命探索方面，生命化学进化研究；利用航天器直接探测太阳系诸行星是否存在或曾存在过生命，极端微生物与生命起源研究和地外生命探索。

在实验平台与技术方面,在 ISS 上用于开展生物医学、基础生物学、生物技术等研究的各种实验装置代表了当前国际空间生命科学实验设备与技术的发展水平。专用实验平台的主要技术发展呈现出采用标准统一的规范化设计、系统保持良好的兼容性和持续的先进性、先进的观测测量设备与分析技术等趋势。

九、空间科学探测综合技术

空间科学研究所需的空间探测技术正向着更高(灵敏度)、更精(分辨率)、更强(多任务、多功能)、更准(标定能力)和更宽(观测范围/谱段)的方向发展;新的实验手段和观测窗口将被广泛利用和开拓,编队飞行等探测方式将变得越来越普遍,针对科学上的新概念,实现更微小、更轻型和更节省资源的探测将渐成趋势,不仅可在满足实验、探测需求方面做出快速反应,并体现出相当大的灵活性,有望在短时间内得到预期的结果,还可为需长时间研制的大卫星计划提供必要的先期研究。美国、欧洲等国际空间科学探测领先国家也越来越重视空间科学探测技术的发展,陆续出台了未来空间技术发展的规划与路线图。

随着空间科学探测的深入开展、各种空间科学任务的持续部署与实施,其对空间探测各项综合技术的要求越来越多、越来越高;对空间探测卫星的能源动力、导航通信、材料结构、计算存储、建模仿真和低温控制等共性、通用技术、支撑技术越来越重视,不断涌现的新科学探测任务也对各种综合技术提出了新的需求。

在空间能源与推进技术方面,国内外多家研究机构致力于太阳帆工艺研究、任务研究与任务分析;微小型航天器的日益兴盛,使得微推进系统在航天器上的应用更加广泛,电推进系统具有比冲高、寿命长、能重复启动、推力小和控制精度高等优点,是目前国内外主要的研究方向。在空间高速率通信技术方面,光通信技术快速发展并得到应用。在空间探测自主导航技术方面,X 射线脉冲星自主导航、惯性导航、基于星间测距的相对导航逐步成为研究热点。在极低温制冷技术方面,前级预冷技术即液氢温区制冷技术逐渐由被动式液体蒸发制冷向主动式机械制冷技术方向发展,从而实现长寿命、轻质量和低重量的空间极低温制冷系统。在空间材料、结构和机械系统方面,大尺寸大挠性的折叠展开机构快速发展,新型合金材料、碳纤维增强复合材料、轻量化柔性材料将得到广泛应用。在星上计算和处理方面，配置多核并行处理器是星上高速海量计算与信号处理技术的发展方向，基于货架商用器件技术的抗辐照加固设计是实现高性能、低功耗数据处理器的主要技术手段。

第三章
国内空间科学发展现状

第一节　空间科学领域进展

　　经过 50 年的发展，我国在空间技术、空间科学研究方面都已具备了一定的基础，在学科领域设置、科研队伍培养、基础设施建设等方面取得了长足进展，目前学科领域齐全、人才队伍初具规模、科研成果不断涌现，形成了良好的发展势头。

　　在政策方面，2011 年 12 月，国务院发布了《2011 年中国的航天》白皮书，确定了中国发展航天事业的宗旨和原则，即探索外层空间，扩展对地球和宇宙的认识；和平利用外层空间，促进人类文明和社会进步，造福全人类；满足经济建设、科技发展、国家安全和社会进步等方面的需求，提高全民科学文化素质，维护国家权益，增强综合国力。中国发展航天事业服从和服务于国家整体发展战略，坚持科学发展、自主发展、和平发展、创新发展、开放发展的原则。

　　在载人航天工程方面，2011 年 9 月和 11 月，先后发射"天宫一号"目标飞行器和"神舟八号"飞船，成功实施中国首次空间交会对接试验，为后续空间实验室和空间站的建设奠定了基础。2012 年 6 月搭载男航天员景海鹏、刘旺和女航天员刘洋的"神舟九号"飞船成功与"天宫一号"实施交会对接，中国实现了首次载人空间交会对接。2013 年 6 月由"长征二号 F"改进型运载火箭"神箭"成功发射了"神舟十号"，飞行乘组由男航天员聂海胜、张晓光和女航天员王亚平组成，首次开展中国航天员太空授课活动，在轨飞行 15 天后安全返回地面。

在探月工程方面，2010 年 10 月 1 日，中国成功发射"嫦娥二号"月球探测器，获取了分辨率更高的全月球影像图和虹湾区域高清晰影像，开展了月球形貌、结构构造、月面物质成分、微波特性和近月空间环境等研究工作，对月球的科学认知进一步提高，并成功开展环绕拉格朗日 L2 点等多项拓展性试验，为深空探测后续任务的实施奠定了基础。2013 年 12 月 2 日"嫦娥三号"登月探测器成功发射，通过着陆器和"玉兔"号月球车，首次实现月球软着陆和月面巡视勘察，着陆器和巡视器顺利互拍，开展了月球着陆巡视区的月表特性原位分析、形貌探测、结构构造综合探测及月表环境探测和月基天文观测，完成月球探测第二步任务。

在空间科学卫星方面，2010 年以来我国空间科学领域最重要的系统性进展即为启动实施由中国科学院（简称中科院）牵头的空间科学战略性先导科技专项（简称空间科学先导专项）。2010 年 3 月 31 日，国务院第 105 次常务会议审议通过中科院"创新 2020"规划，要求中科院"组织实施战略性先导科技专项，形成重大创新突破和集群优势"。2011 年 1 月 11 日，中科院2010 年冬季党组会决定启动第一批战略性先导科技专项，空间科学先导专项作为首批启动的先导专项之一由此进入了正式实施阶段。空间科学先导专项的立项实施标志着我国空间科学事业进入新的发展阶段。

空间科学先导专项总体目标是：在最具优势和最具重大科学发现潜力的科学热点领域，通过自主和国际合作的科学卫星计划，实现科学上的重大创新突破，带动相关高技术的跨越式发展，发挥空间科学在国家发展中的重要战略作用。空间科学先导专项开展空间科学发展战略规划的研究、创新概念研究和相关探测技术预先研究、空间科学卫星关键技术研究、空间科学卫星的研制、发射和运行，以及科学卫星上天后的科学数据应用，基本构成了空间科学任务从孵育、前期准备、技术攻关到工程研制、成果产出的完整链条。

2020 年前，空间科学先导专项重点针对黑洞的性质及极端条件下物理规律、暗物质的性质、空间环境下的物质运动规律和生命活动规律、太阳爆发等太阳活动对地球空间环境的影响和检验量子力学完备性等方面开展研究，致力于实现科学上的重大发现和突破，深化人类对宇宙和自然规律的认识，提升我国的科技创新能力和国际竞争力，为我国的长期可持续发展做出重要贡献。与此同时，遴选未来拟发射的空间科学卫星项目，突破相关关键技术，使其具备工程立项条件；制定空间科学中长期发展规划，提出一批新的空间科学卫星任务概念，在影响空间科学可持续发展的关键核心技术方面取得突破。

1. 卫星工程任务

"十二五"及"十三五"初期，拟研制发射硬 X 射线调制望远镜（Hard X-ray Modulation Telescope，HXMT）、量子科学实验卫星(QUantum Experiments at Space Scale，QUESS)、暗物质粒子探测卫星(Dark Matter Particle Explore satellite，DAMPE)、"实践十号"（SJ-10）等系列科学卫星（其中，DAMPE 卫星已于 2015 年 12 月 17 日成功发射），重点针对黑洞的性质及极端条件下物理规律、暗物质的性质、空间环境下的物质运动规律和生命活动规律及检验量子力学完备性等方面开展研究。将实现科学上的重大发现和突破，取得重要研究成果，深化人类对宇宙和自然规律的认识，使这些研究领域的水平跻身世界前列，提升我国的科技创新能力和国际竞争力，为我国的长期可持续发展做出重要贡献。空间科学先导专项卫星工程任务主要如下。

（1）HXMT

HXMT 研究黑洞的性质及极端条件下的物理规律，实现宽波段（1～250 keV）X 射线巡天，探测大批超大质量黑洞和其他高能天体，研究宇宙 X 射线背景辐射的性质，将通过定点观测黑洞和中子星 X 射线双星，研究它们的多波段快速光变，探索黑洞强引力场和中子星强磁场中物质的动力学和高能辐射过程。

HXMT 由国家国防科技工业局和中科院空间科学先导专项共同支持，采用"资源二号"卫星平台，卫星总重约 2700kg，在高度 550km、倾角 43°的圆轨道上实现巡天和定点观测，卫星设计寿命 4 年，拟采用 CZ-4B 火箭于 2016 年发射。

HXMT 的有效载荷包括高能 X 射线望远镜（High Energy X-ray Telescope，HE）、中能 X 射线望远镜（Medium Energy X-ray Telescope，ME）、低能 X 射线望远镜（Low Energy X-ray Telescope，LE）以及空间环境监测器（Space Environment Monitor，SEM）。高、中、低能 X 射线望远镜观测能区相互覆盖，可用于对天体的宽波段能谱测量和多波段时变特性研究。

（2）QUESS

QUESS 旨在建立卫星与地面远距离量子科学实验平台，国际上首次在空间大尺度下实现星地自由空间量子密钥生成和分发、星地自由空间量子保密通信、量子力学基本问题及非局域性检验等一系列具有重要科学和实用意义的试验，寻求量子理论在宏观大尺度上的应用，使量子信息技术的应用突破距离的限制，促进广域乃至全球范围量子通信的最终实现。同时，本项目能够在更深层次上认识量子物理的基础科学问题，扩宽量子力学的研究方向，对于量子理论乃至整个物理学的发展有着至关重要的意义。

QUESS 采用小卫星平台，总重约 650kg，运行于高度 500km、倾角 97.37°的太阳同步轨道，拟采用 CZ-2D 火箭于 2016 年发射。

星上配置四个有效载荷，分别为量子密钥通信机、量子纠缠源、量子纠缠发射机、量子试验控制与处理系统，地面配置一个科学实验中心、两套广域量子密钥应用平台、四个量子通信地面站和一个空间量子隐形传态试验站，形成 QUESS 天地实验系统。

（3）DAMPE

DAMPE 通过在空间高分辨、宽波段观测高能电子、伽马射线寻找和研究暗物质粒子，在暗物质研究这一前沿科学领域取得重大突破；通过观测 TeV 以上的高能电子及重核，在宇宙射线起源方面取得突破；通过观测高能伽马射线，在伽马天文方面取得重要成果。

DAMPE 采用卫星平台与载荷一体化设计，卫星轨道为太阳同步轨道，轨道高度约 500km，三轴稳定，已于 2015 年 12 月 17 日从酒泉卫星发射中心成功发射。卫星平台重约 1850kg，有效载荷重约 1400kg，功耗约 500W。主载荷由硅阵列探测器、塑料闪烁体探测器、BGO（锗酸铋）晶体量能器和中子探测器组成。

（4）SJ-10

SJ-10 利用返回式卫星技术，开展微重力科学、空间生命科学实验，研究、揭示微重力条件和空间辐射条件下物质运动及生命活动的规律，取得创新科技成果，推动我国空间微重力科学和空间生命科学发展。

SJ-10 使用的返回式卫星平台由返回舱和仪器舱组成，卫星总质量≤3600kg，轨道倾角 43°，飞行寿命返回舱 12 天、留轨舱 15 天，星上微重力水平优于 10^{-3}g，运载火箭 CZ-2D 拟于 2016 年发射。有效载荷充分利用卫星留轨舱及回收舱，开展涉及微重力流体物理、微重力燃烧、空间材料科学、空间辐射生物学效应、重力生物学效应和空间生物技术领域的共计 19 项空间科学实验。

（5）夸父计划

夸父计划（KUAFU）研究太阳活动对地球空间环境的影响，解决太阳大气的物质和能量输出过程、太阳风与磁层的耦合过程、地球空间暴物质和能量的输运耗散过程等科学问题，系统地解决空间天气的驱动问题，提高空间天气预报的提前量和准确度。有望在诸多科学问题上取得新的进展和突破，包括：CME 源区、初发过程、早期加速及对地有效性；太阳风源区及太阳风初始加速过程；行星际日冕物质抛射事件（Interplanetary Coronal Mass Ejection，ICME）和太阳风结构的发展及与源区的关系；太阳风-磁层能量耦合机制；太阳能量粒子的加速和传输机制；磁层暴能量的输出方式；磁暴环电流的形成与衰减机制；日地系统物理过程的整体三维数值模拟等；大幅提高我国成像探测载荷技术水平。

KUAFU 由三颗卫星组成：KUAFU-A 星位于日－地连线上距地球 1.5×10^9 km 的拉格朗日 L1 点处；KUAFU-B 包括两颗卫星，位于绕地极轨的相位共轭的大椭圆轨道上。

因国际金融形势变化等无法预见的非技术因素，KUAFU 的国际合作伙伴迟迟未能落实。2014 年 5 月，经中科院重大科技任务局批准，KUAFU 暂缓执行。

2. 背景型号任务

"十二五"期间，根据战略规划和发展路线图，通过科学论证，遴选科学卫星项目进行背景型号研究，开展科学目标凝练、探测方案优化和关键技术攻关，为"十三五"科学卫星的工程研制、发射和获得科学成果做准备。背景型号项目分两批遴选出八个项目，其中，于 2011 年遴选出的第一批项目有磁层-电离层-热层耦合小卫星星座探测计划（Magnetosphere-Ionosphere-Thermosphere Coupling Small-Satellite Constellation Mission，MIT）、X 射线时变与偏振探测卫星（X-ray Timing and Polarization，XTP）、空间毫米波 VLBI 阵列（Space millimeter VLBI array，S-VLBI）和太阳极轨成像望远镜（Solar Polar ORbit Telescope，SPORT）；于 2013 年遴选出的第二批项目有系外类地行星探测计划（Search for Terrestrial Exo-Planets，STEP）、先进天基太阳天文台（Advanced Space-based Solar Observatory，ASOS）、爱因斯坦探针（Einstein Probe，EP）和全球水循环观测卫星（Water Cycle Observation Mission，WCOM）。此外，还包括拟与 ESA 联合实施的中欧联合空间科学卫星任务。中欧双方已于 2015 年 1 月联合征集了任务建议，经过联合遴选，SMILE 任务从 13 个任务建议中脱颖而出，计划于 2021 年左右进行发射。

3. 空间科学预先研究项目

通过部署项目集群的方式，对未来的空间科学卫星计划和必需的关键技术进行先期研究，开展空间科学发展战略研究、创新性卫星任务概念研究、前瞻技术预研和关键技术攻关、地面验证与标定，对部分地面无法验证的有效载荷开展短时飞行试验验证，以全面推动空间科学领域的创新性研究、前瞻技术预研和关键技术攻关，为我国空间科学的长期可持续发展奠定科学与技术基础，发挥空间科学在基础科学领域前沿研究和航天高技术领域的火车头作用。

中国科学院高技术研究与发展局在 2009 年已经部署了创新重要方向项目"空间科学预先研究项目"（第一批）24 个课题（包括 2 个重点课题）以支撑前瞻技术预研，为保持其连续性，"十二五"期间空间科学先导专项在 16 个研究计划上部署了"空间科学预先研究项目"（第二批）和"空间科学预先研究项目"（第三批），其中第二批课题于 2011 年设立，共 43 个课题；第三批课题于 2013 年遴选完毕，共 55 个课题。

第二节　空间科学领域科学产出情况

在空间科学研究成果方面，近年来我国取得的主要成果如下。

（1）提出黑洞测量新方法，建立活动星系核尘埃形成演化模型。

（2）发现了空间暗物质湮灭的迹象。

（3）发现了恒星类型对行星宜居性的影响，揭示了海洋对行星宜居性的作用。

（4）在国际上首次发现加热日冕的超精细通道（与美国合作）。

（5）揭示了太阳磁场对消现象，或首次提供了磁力线重联的观测证据。

（6）地球空间双星探测计划（简称双星计划，Double Star）与 ESA "星簇计划"（Cluster Ⅱ）实现了对地球磁层的六点联合探测，获国际宇航科学院（International Academy of Astronautics，IAA）杰出团队成就奖。

（7）在太阳风与行星大气及星际介质相互作用方面取得突破。

（8）揭示了"嫦娥三号"着陆与巡视区的次表层结构。

（9）在主被动微波辐射传输机理建模、地表参数反演、陆表水文模型开发和遥感数据同化方面取得突破性成果。

（10）得到了国际上最大热毛细（Marangoni）数的液滴热毛细迁移实验结果。

（11）发现了重力影响细胞骨架重组的新机制；空间蛋白质出晶率达 70%。

在成果产出方面，中国科学院文献情报中心从文献计量学角度，以科研产出最主要的形式之一——科技文献为代表，对 2000～2011 年及 2012 年空间科学领域的科技论文进行了分析，并与世界主要国家作了比对。

2000～2011 年空间科学领域 SCI 论文总量为 109 146 篇（2012 年 12 140 篇），年均增长率为 4.8%（2012 年 10.2%）。2011 年比 2000 年论文总量增加 67.5%，论文数量整体呈平稳增长态势。2000～2011 年中国空间科学领域论文总量排名世界第七（2012 年排名第五），论文数量占世界份额由 2000 年的 2.0%上升到 2011 年的 10.8%（2012 年 11.1%）。

中国空间科学领域 39.5%的论文为国际合作研究，2012 年发表的高被引论文中 86.5%为国际合作论文。中国参与的国际合作研究论文中超过一半（56.4%）的论文第一作者是来自本国机构的研究人员，这一比例超过美国（41.7%）、德国（32.8%）、日本（31.1%）。中国空间科学领域 2012 年论文中 60.1%被引用，24.6%被即时引用。

但与发达国家相比，中国的空间科学研究成果在国家总体科研成果中所占份额较低，影响力低于世界平均水平。中国引起国际同行高度关注的研究成果数量仍然较少，高被引论文年产量始终在两位数徘徊，高被引论文数量占世界总量的 3.4%（2012 年 6.1%），低于论文数量占世界总量的比例（6.3%；2012 年为 11.1%）。中国的国际合作论文中，中国作为第一作者国家的论文的篇均被引频次（3.84 次/篇）也明显低于中国作为非第一作者国家的论文的篇均被引频次（6.72 次/篇），说明我国的科学产出质量仍有较大提升空间。

第三节　空间科学各分支领域的进展情况

一、空间天文

在空间天文领域，我国的空间天文研究目前形成了以空间高能天文为主，兼顾可见光、紫外和射电几个波段的多波段空间天文，以及空间反物质、空间宇宙线、空间暗物质和激光天文动力学等研究方向的格局，基本上包括了国际空间天文的主要研究方向。我国天文界具有使用国外各波段空间天文卫星观测数据的经验，天文界部分学术带头人曾经是国外主要空间天文项目的骨干成员，回国后带动了国内空间天文研究的快速发展。我国空间天文界已经具备了系统从事空间天文研究的能力。

中欧合作伽马射线暴偏振测量仪（Gamma Ray Burst polarization experiment，POLAR），计划搭载"天宫二号"于 2016 年发射运行，将是国际上首个专门用于测量伽马暴伽马射线偏振的高灵敏度科学仪器。中法合作空间高能天文观测的大型装置——空间变源监视器卫星（Space Variable Objects Monitor，SVOM）已经被批准正式立项，其主要科学目标是研究伽马暴的多波段辐射性质。

此外，该领域实施了一系列未来空间天文项目的关键技术攻关或者概念研究，其中第一批空间科学预先研究项目支持了 5 项空间天文预先研究课题，第二批支持了 6 项空间天文预先研究课题和 2 项与空间天文密切相关的空间科学综合探测技术预先研究课题，第三批预先研究项目遴选了 7 项空间天文预先研究课题，为中国空间天文的持续发展奠定了良好的基础。

在暗物质探测方面，目前由紫金山天文台组织，在中国科学院内已经建立了一支空间暗物质粒子探测队伍，聚集了国内相关单位的主要科研人员。

2008 年，我国暗物质研究团队成功在美国南极长周期气球项目 ATIC 上观测到在 $300\sim800\mathrm{GeV}$ 的高能宇宙电子能谱，与理论模型相比高很多[该结果后来被美国费米伽马射线望远镜（FERMI）和欧洲 PAMELA 卫星证认]。

2009 年，DAMPE 获得了中国科学院方向性项目和科技部国家基础研究重点发展计划（973 项目）的支持，2011 年该项目被列入中国科学院空间科学先导专项，并已于 2015 年 12 月 17 日发射升空。

在预先研究方面，通过空间科学预先研究项目，暗物质探测领域先后支持了 4 项预先研究课题，并遴选了 4 项新的课题开展预先研究。

与此同时，拟使用中国的空间站作为天文观测和物理实验平台，探索 X 射线脉冲星导航，捕捉宇宙中各种天体快速变化的信号以研究宇宙中剧烈和极端的物理过程，搜寻暗物质湮灭所产生的伽马射线或者其他次级粒子，并通过普查巡天和长期监视等手段探测多种天体的各种信号，研究宇宙的起源和演化，测量暗能量的属性。

二、太阳物理

在太阳物理领域，我国已建成了总体性能达到国际先进水平的太阳磁场望远镜和在国际上独具特色的太阳射电宽带动态频谱仪，以及多波段二维成像光谱仪等地基重要观测设备，结合国外卫星数据资料分析，形成了一支在国际上有影响的太阳物理研究队伍。

我国从 20 世纪 90 年代就开始预研"空间太阳望远镜"。"十五"期间，"空间太阳望远镜"被列入国防科学技术工业委员会民用航天预研计划，进行关键技术攻关，已完成总体、结构与机械、精密温度控制、高精度姿态控制、主光学望远镜、极紫外成像望远镜、星载科学数据处理系统 7 项关键技术攻关。相关领域的重要技术创新对国家高技术和航天技术的发展产生了强有力的牵引作用。

2011 年，太阳物理领域出现了新的机遇。太阳深空探测被列为国家深空探测计划的三个主要方向之一。基于原"空间太阳望远镜"的良好基础，提出了"深空太阳天文台"计划（Deep Space Solar Observatory，DSO），经过多轮讨论，已经正式提交国家航天局。

此外，第一批空间科学预先研究项目中包括 1 项属于"太阳显微"计划的课题和 2 项属于"太阳全景"计划的课题，支持开展关键技术攻关或任务概念研究。2011 年，第二批空间科学预先研究项目中部署了 2 项属于"太阳显微"计划的课题和 2 项属于"太阳全景"计划的课题，分别支持太阳硬 X 射线成像、空间日冕仪、空间磁像仪的关键技术研究，以及瞄准"十三五"的 ASO-S 初步方案研究。2013 年，第三批空间科学预先研究项目共部署了 8 项太阳物理领域的课题，其中 2 项属于"太阳显微"计划，2 项属于"太阳全景"计划。ASO-S 通过了严格遴选，被列入了空间科学背景型号项目开展研究。

但相比国际太阳空间探测蓬勃发展的趋势，我国还没有一个确切立项的太阳空间探测项目，很有可能就要落后于印度。从学科发展平衡角度看，我国太阳空间探测面临着机遇，应该把握。

三、空间物理

近年来，在国家有关部门的大力支持下，我国空间物理和空间环境领域研究力量逐步发展壮大，学科体系得到进一步加强和完善，基础设施建设实现了跨越发展，探测和研究水平不断提高，国际地位和影响不断提升，主要体现在以下几个方面。

天基观测与实验开始走上轨道。双星计划与 ESA 的 ClusterⅡ计划形成了对地球空间的六点联合探测，取得了一系列创新性结果，共同获 IAA 2010年度的 Laurels 团队成就奖这一国际殊荣，双星计划还获得了国家 2010 年度科技进步奖一等奖。此外，2007 年发射的"嫦娥一号"卫星开展了对月球空间环境的探测。在空间科学先导专项中，还部署了 KUAFU 计划和 SPORT 任务。如前文所述，KUAFU 已列入卫星工程项目，由于国际金融形势变化等无法预见的非技术因素，目前暂缓执行；SPORT 已进入"十二五"空间科学背景型号项目。此外，在应用卫星（如资源卫星、风云系列卫星等）上搭载了空间环境探测仪器。

地基平台建设迈上新台阶。中国科学院的日地空间环境探测网络、工业和信息化部的电离层监测网络、地震局的地磁监测网络、海洋局的极地空间物理监测，以及高校、气象局等的地面探测手段，已经基本覆盖我国全境和南北两极。"东半球空间环境地基监测子午链"（子午工程）在 2008 年正式开始建设，2012 年已经顺利通过国家验收，对我国空间环境地基监测网络的完善起着决定性作用。国际科学界高度评价中国的子午工程，认为它"雄心勃勃""影响深远"和"令人震撼"。

机理研究开始站在国际前沿，建模与预报能力有了长足的进步。在空间物理基础研究方面，我国科学家取得了一批引起国际同行关注的成果，这些研究成果先后获国家自然科学奖二等奖 5 项、陈嘉庚地球科学奖 1 项、何梁何利奖 4 项、其他部委级奖励多项，以及国际空间研究委员会（Committee on Space Research，COSPAR）、ESA、日地物理科学委员会（Scientific Committee on Solar-Terrestrial Physics，SCOSTEP）等多项国际重要奖励。此外，我国学者在 *JGR*（*Space Physics*）上发表文章约占该领域该期刊的10%。2012 年我国"地球空间天气数值预报建模研究"项目获得 973 计划的支持，为建立我国有自主知识产权的空间天气数值预报模式奠定了坚实的基础。空间天气预报在我国神舟飞船系列、"嫦娥一号"等的空间天气保障方面做出了突出贡献。

学科体系基本形成，人才队伍欣欣向荣。有关太阳大气、行星际太阳风、磁层、电离层、中高层大气、地磁、空间等离子体等的学科配套齐全。已建设空间天气学国家重点实验室和相关的部委级重点实验室 10 余个，形成了由中国科学院、高校、工业部门和应用部门有关院所组成的较完整的学科研究体系。我国在空间天气的探测、研究、预报与效应分析等方面的队伍初具规模，人数逾千。其中，涌现了一批优秀的中青年学术带头人，他们活跃在国际和国内空间天气学术舞台和相关航天安全保障服务工作的第一线。据不完全统计，仅国家杰出青年基金获得者、长江学者、百人计划学者和特聘专家已达 40 余位。

业务预报体系已初步形成。中国气象局成立国家空间天气监测预警中心，在基于风云系列卫星的天基监测能力建设、基于气象台站的网络化地基监测台站建设、参考气象业务规范的预报预警系统建设及面向用户的应用服务探索与实践等方面取得良好成绩，在国际和国内赢得了广泛的认同和支持。目前，国家空间天气监测预警中心是世界气象组织（World Meteorological Organization，WMO）计划间空间天气协调组（Interprogramme Coordination Team on Space Weather，ICTSW）联合主席单位。此外，中国科学院和中国电子科技集团等部门在空间天气方面的应用也在快速发展中。

国际合作的全球格局初步形成。通过双星计划-Cluster Ⅱ、中俄火星联合探测计划、KUAFU 和国际空间天气子午圈计划的实施和推动，国际合作开始进入围绕重大国家任务开展实质性、战略性合作的发展新阶段。"国际空间天气子午圈计划"获得了科技部重大国际合作计划的支持，被 2012 年美国《太阳与空间物理十年发展规划》列为重要国际合作项目。

总之，我国空间物理和空间环境领域近年来由于双星计划和子午工程等国家重大任务的实施而开始了新的篇章，前瞻性科学研究、预报服务保障、基础能力建设、人才队伍建设等各个方面都取得了快速发展。但空间物理领域的整体水平与世界先进水平仍有相当的差距，存在的主要问题有：协同创新机制亟待完善、整体经费投入明显不足、自主保障能力尚未形成、自主创新能力有待提高。

四、行星科学

在行星科学方面，经过近 40 年的发展，我国的月球与深空探测业已起步。2007 年 10 月 24 日月球探测工程一期"嫦娥一号"卫星成功发射，11 月 20 日传回第一幅月面 CCD 图像，成为我国航天事业的第三个里程碑，同时这也是我国首次进入行星际开始科学探测。

2010 年 10 月 1 日，"嫦娥二号"卫星发射成功，"嫦娥二号"卫星是"嫦娥一号"卫星的姐妹星，"嫦娥二号"卫星上搭载的 CCD 相机的分辨率更高，10 月 27 日，在 100km×15km 轨道，CCD 立体相机获取了分辨率优于 1.5 米的月球虹湾图像数据。

2013 年 12 月 2 日"嫦娥三号"登月探测器成功发射，包括着陆器和"玉兔"号月球车，首次实现月球软着陆和月面巡视勘察，着陆器和巡视器顺利互拍，开展了月球着陆巡视区的月表特性原位分析、形貌探测、结构构造综合探测，以及月表环境探测和月基天文观测，完成了月球探测第二步任务。

目前，月球探测三期工程已正式立项，三期工程预计于 2017 年实现首次无人采样返回。

五、空间地球科学

在空间地球科学领域，我国科技工作者紧跟国际前沿，面向国家需求，开展了一系列科研工作，在这一领域的科技力量不断壮大，一些部委相继成立了有关卫星应用的研究和业务单位。

空间地球重力场测量卫星中的关键技术研究在中国人民解放军总装备部及中科院预研项目中得到了支持，国家国防科技工业局等部门也正在积极规划着完整的项目方案和计划。

在空间对地观测技术方面，作为空间地球科学的核心所在，目前我国在对地观测领域已拥有气象、海洋、环境和灾害监测卫星（系列）及中长期发展规划。

我国的气象卫星由静止气象卫星和极轨气象卫星两个卫星系列组成。在轨运行的静止气象卫星是"风云二号"，能够探测昼夜的云图、地表图像、海洋水色图像、水体边界、海洋面温度、冰雪覆盖和植被生长，用以获取全球性气象信息，并具有探测空中粒子成分的功能。"风云三号"极轨卫星配置了微波成像仪、微波湿度计、微波温度计，频率覆盖范围为 10～183GHz，能够提供全球的温、湿、云辐射等气象参数，并监测大范围自然灾害和生态环境，探索全球气候变化规律。

中巴地球资源卫星监测国土资源的变化，监测自然和人为灾害，对沿海经济开发、滩涂利用、水产养殖、环境污染提供动态情报，同时勘探地下资源，监督资源的合理开发。

海洋卫星配置了双频雷达高度计、校正辐射计、微波散射计、微波辐射计（成像仪）等有效载荷，监测和调查海洋环境，为海洋科学研究、海洋环境预报和全球气候变化研究提供卫星遥感信息。

环境卫星拥有光学、红外、超光谱多种探测手段，具有大范围、全天候、全天时、动态的环境和灾害监测能力。

我国的空间对地观测从单一载荷发展到多任务载荷，应用领域不断扩大。在这个过程中培养了一批具有扎实专业技术知识的研究团队，并针对我国的实际情况，发展了许多地球物理参数定量遥感反演的方法和技术，随着我国航天技术的进步和地球系统科学探索需求的深入，我国已基本具备了研发地球系统科学卫星的条件。

然而，我国在卫星遥感技术方面起步较晚，通常参考国外已经成熟测试的传感器配置和测量技术直接发展业务型卫星，而科学探索这一过程的缺失将导致卫星发射之后观测数据在一段较长的时间内得不到有效的应用，这也使我国在地球系统科学探测方面创新能力不足。总之，我国还没有形成地球系统综合观测体系，地球系统科学研究还高度依赖于国外卫星数据。

六、微重力科学

近十年来，我国科学家利用返回式卫星完成了一批微重力科学的空间实验，取得了好的成果，使我国成为具备自主空间科学实验能力的少数几个国家之一。

载人航天工程发展了六类通用型实验装置，涉及材料科学、流体物理等领域。神舟飞船计划促进了我国空间实验的发展，特别是提高了我国空间微重力实验硬件设备的水平。我国未来的空间实验室（站）计划也将极大地带动微重力科学研究的发展。

此外，在国家高技术研究发展计划（863 计划）的支持下，我国建成了地上高度 116m、地下深度 8m 的落塔短时微重力实验研究设施，成为国际上少数拥有百米以上落塔的国家。利用探空火箭开展微重力与空间生命科学实验的计划也在筹划之中。

国际合作也是我国开展微重力研究的途径之一，我国分别利用俄罗斯"光子"号返回式卫星和 ISS 开展了半导体材料生长、流体物理空间实验等研究。

在微重力流体物理领域，我国近些年缺少微重力流体物理研究的空间实验机会，其研究基本停留在地基模拟或利用中科院落塔设施开展的理论与实验研究阶段，少数课题组利用国际合作途径开展了失重飞机实验研究。在基础研究方面，我国载人航天三期正在规划和论证微重力流体物理的研究规划，一些参与俄罗斯等国的 ISS 计划的研究课题正在实施过程中，将于今后几年内完成空间实验并获得实验结果。随着我国载人航天和深空探测工程的发展，我国航天工程对微重力流体管理研究的需求逐渐显现。

在空间材料科学领域，我国近 10 年主要在"神舟二号"、"神舟三号"、"神舟七号"，以及 2005 年返回式卫星（空间熔体表面和液固界面特性表征观察）、2006 年的"实践八号"返回式卫星（颗粒物质运动）、2007 年中俄合作的 Foton M3（GaMnSb 和 Bi_2Te_3 单晶生长）、中法合作的欧洲抛物线飞机上进行了 10 多项材料科学的实验研究，取得了多项有价值的科学与应用研究结果，在"天宫一号"上还开展了复合胶体晶体生长实验。空间科学实验的地基预研方面，开展了微重力环境下带电粉尘运动规律实验研究；熔体的深过冷与非平衡相变、无容器热物性研究；胶体体系的结晶与晶体缺陷研究等。

在微重力燃烧科学领域，近年来，我国在研究发展规划、争取项目立项和开展在研项目研究等方面取得切实成效。通过载人航天工程中的空间站任务论证，提出了空间站中微重力燃烧研究的科学问题和实验设备技术条件；针对载人航天领域空间站防火研究方向，已有预研项目获得批准，开展了深入研究；空间科学预先研究项目也部署了 3 项微重力燃烧研究课题。其他的研究项目包括材料表面火焰传播、近可燃极限气体预混火焰、煤着火和燃烧特性等，近年来均获得显著进展，研究结果陆续在国际专业期刊上发表。

七、空间基础物理

国内空间基础物理研究主要集中在以下几个方面。

（一）空间超高精度时频技术及其应用

经过几十年的努力，我国的铯原子喷泉钟已实现 3×10^{-15} 精度，研制了拟于空间实验室运行的高精度原子钟——冷原子束铷钟原理样机，正在开展不同元素的冷原子钟及离子光钟研究。在载人航天工程的支持下，中科院上海光学精密机械研究所已经成功研制了在空间实验室运行的高精度空间冷原子钟初样鉴定件，测试结果达到设计指标，目前正在进行正样研制，预计不久将进行空间在轨测试，这将是国际上首次进行冷原子钟的空间试验，具有重大意义。此外，我国已成功研究和应用双向卫星时间频率传递技术，进行原子钟比对和对导航及通讯卫星精密测定轨，卫星激光单向测距和星地时间比对技术已达到了应用水平。我国研究人员参加了欧洲 ACES（Atomic Clock Ensemble in Space）计划研究工作，以及利用欧洲应用地面原子钟进行了精细结构常数变化的测量研究。我国的长期时频系统建设、卫星导航系统建设及空间射电天文发展，为开展空间站时频技术研究奠定了良好的人才和技术基础。

（二）冷原子物理研究

我国在冷原子物理研究方面已经有很好的积累，近年来不断取得进展，2010 年中科院物理研究所成功地实现了玻色-爱因斯坦凝聚（BEC），中国科学技术大学也成功地实现了铯 BEC，此后有 7 个研究小组实现了 BEC，约 25 个冷原子物理研究小组实现了磁光阱。2012 年实现了钾原子与铯原子中的规范势，利用 Talbolt 方法精密测量了诺贝尔奖获得者金兹预言的量子相变的临界行为。在实验方面，完成了空间冷铷原子钟原理样机的研制；在理论方面，国内多家单位开展了 BEC 相关的理论工作，取得了一大批可喜的理论成果。开展了在铷原子、钾原子空间弱势阱中的冷却的理论与地面实验研究，计划参加空间冷原子物理等研究的单位有近十家，提出了建立超冷原子物理实验平台这一空间微重力基础物理实验的研究项目。

（三）相对论与引力物理及低温凝聚态物理

这两个领域的研究队伍人数在国内还不多；空间项目参与的单位有中科院理论物理研究所、理化技术研究所、华中科技大学、清华大学、南京航空航天大学、北京大学等。

（四）空间站和空间卫星项目的国内现状

在我国的空间站建设论证报告中，建议了两个平台装置——超高精度时频系统和冷原子物理实验平台，以及两个独立的检验等效原理的实验项目——陀螺-加速度计新型等效原理实验和冷原子干涉仪等效原理检验。空间科学预先研究项目自 2009 年始已经支持和正在支持 5 项空间基础物理实验概念研究。

我国空间基础物理实验项目处于刚刚启动阶段，还没有形成稳定的研究队伍和技术储备，在各个方面特别是实验技术方面与国外的差距比较大，需要凝聚研究人才，积累实验技术，为今后 5～15 年我国的空间科学卫星计划的实施奠定坚实的基础。

八、空间生命科学

相比国外，我国空间生命科学起步较晚。近年来通过返回式卫星、载人航天工程、国际合作项目等开展了多项空间生命科学实验，取得了一批重要的科研成果。

利用载人航天工程的系列飞船和"天宫一号"实验室，有计划地实施了空间生命科学的研究，进行了多项空间蛋白质结晶实验，获得了一批生长尺寸较大的空间蛋白质晶体，在载人航天工程二期"神舟八号"飞船上开展了多项中德合作的空间生物学研究，进行了在基因组、蛋白质组等水平上研究生物学问题的尝试，这些前期的研究成果为今后的研究积累了丰富的经验，打下了坚实的基础。在多名航天员的载人航天飞行期间，还进行了多项航天医学试验。我国正组建未来的空间站，并陆续发射多艘载人、货运飞船，将为空间生命科学研究提供很多难得的空间试验机会，大量载人空间站空间生命科学与生物技术领域的优秀项目正处于论证和遴选过程中。

利用返回式卫星搭载开展了多项空间生命科学研究，在第 22 颗返回式卫星回收舱开展了细胞代谢空间实验并验证了新型硬件，在"实践八号"的留轨舱中进行了生物学实验，得到了一些宝贵的影像资料，SJ-10 科学卫星论证通过了一批生命科学实验项目，其中包括"微重力条件下哺乳动物早期胚胎发育研究""空间细胞三维培养与组织构建""微重力下细胞相互作用的物质运输规律研究"等多项与空间细胞培养和组织工程相关的课题，预计将得到更好的全方位的实验结果。

在基础研究方面，先后论证、启动了"面向长期空间飞行的航天员作业能力变化规律及机制研究"和"微重力影响细胞生命活力的力学-生物学耦合规律的研究"两个 973 计划项目，以及"基因芯片技术在地外生命信号探索中的应用研究""空间细胞生物力学工程技术平台研究""地球生命对空间环境的适应机制实验方案研究"等一系列空间生命科学预先研究项目。截至目前，我国空间生物技术领域已开展了包括软骨细胞、肝细胞、心肌细胞、皮肤干细胞、神经干细胞、胚胎干细胞和杂交瘤细胞等多种细胞的微重力三维培养，获得了一批空间细胞培养和组织工程相关的地基模拟和空间搭载实验研究成果。

在国际合作方面，我国航天员志愿者王跃参与了"火星 500"全程模拟实验，取得圆满成功。我国作为"巨型望远镜阵列"（Square Kilometre Array，SKA）监听外星人合作计划的参加国，正在贵州建造目前世界上最大、口径达 500m 的射电望远镜，有可能对外星人进行监听或捕捉到包括来自外星系生物体的更微弱的信号。

随着空间生命科学不断引起关注和获得持续支持，可以预期我国在该领域一定会有更好的发展前景。

第四章

空间科学发展需求

空间科学探索人类未知世界，作为前沿性、创新性、引领性、挑战性极强的战略科技领域，在国家创新驱动发展的进程中发挥着至关重要的作用。

第一节　突破和提升人类认识客观物质世界的能力

当代科学史已充分表明，大量的科学发现和重要进展来自于对宇宙和太空的探索。人类进入太空时代以后，借助卫星平台的空间科学卫星计划，使人类在宏观和微观前沿领域获得了突飞猛进的进展。例如，通过哈勃空间望远镜（Hubble Space Telescope，HST）的观测，人类已经发现了大量未知的天体，并使人类的视界延伸到了 140 亿光年的距离，几乎达到了宇宙自身自大爆炸以来膨胀的尺度，并使宇宙学研究进入精确研究阶段。通过大量的可见光及可见光以外的窗口，如 X 射线和微波的观测，人类确认了宇宙起源的大爆炸理论并发现了组成宇宙的主要成分——暗物质和暗能量。正是因为这些观测和研究成果，自 1957 年以来诺贝尔奖共 10 次授予了空间科学领域的科学家（表 4-1）。2002 年度和 2006 年度的诺贝尔物理学奖分别授予了成功探测到中微子、发现宇宙 X 射线源和发现宇宙微波背景（Cosmic Microwave Background，CMB）辐射的黑体形式与各向异性的四位空间科学家，2011 年诺贝尔物理奖授予了通过观测遥距超新星而发现宇宙加速膨胀的三位空间科学家，以表彰他们在开辟探测宇宙的新窗口和增进人类对宇宙的了解和认识方面所做出的突出贡献。

表 4-1　1957 年以来空间科学领域诺贝尔奖获奖情况统计表

年份	奖项	获奖者		贡献
		姓名	国别	
1967	物理学奖	汉斯·阿尔布雷希特·贝特 （Hans Albrecht Bethe）	美国	对核反应理论的贡献，特别是关于恒星能源产生的研究发现
1970	物理学奖	汉尼斯·阿尔文 （Hannes Alfven）	瑞典	创建太阳磁流体力学和宇宙磁流体力学
1974	物理学奖	马丁·赖尔 （Sir Martin Ryle）	英国	在射电天体物理学领域的开创性研究；赖尔发明了合成孔径技术并利用该技术进行观测；休伊什对于发现脉冲星发挥了关键性的作用
		安东尼·休伊什 （Antony Hewish）	英国	
1978	物理学奖	阿尔诺·艾伦·彭齐亚斯 （Arno Allan Penzias）	美国	发现 CMB，为大爆炸理论提供了有力的实验证据
		罗伯特·伍德罗·威尔逊 （Robert Woodrow Wilson）	美国	
1983	物理学奖	苏布拉马尼扬·钱德拉塞卡尔 （Subramanyan Chandrasekhar）	美国	有关恒星结构及其演化的重要物理过程的理论研究
		威廉·艾尔弗雷德·福勒 （William Alfred Fowler）	美国	有关对宇宙中化学元素的形成非常重要的核反应的理论和实验研究
1993	物理学奖	拉塞尔·艾伦·赫尔斯 （Russell A. Hulse）	美国	发现一类新的脉冲星，该发现开创了引力研究的新方法
		小约瑟夫·胡顿·泰勒 （Joseph H. Taylor Jr.）	美国	
1995	化学奖	保罗·克鲁岑 （Paul J. Crutzen）	荷兰	从大气化学角度阐明了氯氟烃对臭氧层的形成和分解作用及其化学机理
		马里奥·莫利纳 （Mario J. Molina）	墨西哥	
		弗兰克·克罗 （F. Sherwood Rowland）	美国	
2002	物理学奖	小雷蒙德·戴维斯 （Raymond Davis Jr.）	美国	在天体物理学领域做出先驱性贡献，尤其是对探测宇宙中微子的贡献
		小柴昌俊 （Masatoshi Koshiba）	日本	
		里卡尔多·贾科尼 （Riccardo Giacconi）	美国	在天体物理学领域做出先驱性贡献，这些研究导致了宇宙 X 射线源的发现

续表

年份	奖项	获奖者		贡献
		姓名	国别	
2006	物理学奖	约翰·马瑟 （John C. Mather）	美国	发现 CMB 的黑体形式和各向异性，进一步证实了宇宙大爆炸理论，揭示了宇宙早期物质和能量的分布情况
		乔治·F. 斯穆特 （George F. Smoot）	美国	
2011	物理学奖	索尔·珀尔马特 （Saul Perlmutter）	美国	通过观测遥距超新星，发现宇宙加速膨胀
		布莱恩·P.施密特 （Brian P. Schmidt）	美国 澳大利亚	
		亚当·里斯 （Adam G. Riess）	美国	

进入 21 世纪以来，由 20 世纪上半叶奠定的科技知识体系的内在矛盾日益显现，世界正处于新科技革命的前夜[①]。研究表明，人们赖以生存的地球的性质对人们所处的宇宙的性质、物理学基本规律的形式和物理学基本参数的数值都非常敏感，预示着宇宙起源演化、基本物理规律、生命形成和演化之间存在着某种密切、但至今尚未被揭示出来的内在联系。一旦在某个领域产生突破，将为其他领域提供新的输入和边界条件，并有可能引发系列突破，甚至导致新科学革命，深刻改变人类对客观物质世界的认识，推进人类文明向前发展。中国在这一轮新的科学大潮中，应当抓住机会，有所作为，争取重大科学发现和基本理论研究的突破，发挥中国人在宇宙探索中的重要作用，提升人类认识客观物质世界的能力。

第二节　牵引和带动相关高技术的跨越发展

空间科学卫星计划包含大量新需求、新思路、新设计、新工艺，是原始创新的重要源泉，对航天技术和相关高技术发展具有显著的牵引和带动作用。空间科学卫星与一般应用卫星有所不同。在轨道设计方面，即使是运行于地球空间的科学卫星，多数也都需要超出常规应用卫星轨道的特殊轨道设计，如大椭圆轨道、低倾角轨道、冻结轨道、编队飞行轨道等。在深空探测

---

① 《科技革命与中国的现代化——关于中国面向 2050 年科技发展战略的思考》，科学出版社，2009。

计划的推动下，利用行星引力借力飞行的技术已普遍使用。近年来又出现了新的轨道设计理论，如星际高速公路理论。在星际航行推进技术方面，已经发展了太阳帆推进技术和核推进技术。在卫星结构、热控方面，科学卫星已经突破了平台和载荷相对独立的概念，形成了平台和载荷一体化的设计理念，大量科学卫星的构型已彻底改观。在有效载荷技术方面，科学观测和探测需要得到在探测窗口、超高空间分辨率、超高灵敏度、超高时空基准方面超过前人的数据，因此必须实现新的设计和技术创新。每一项空间科学卫星计划都是非重复性、非生产性的，包含大量的新思路、新设计，对航天技术和相关高技术具有全面、显著的牵引和带动作用。以哈勃太空望远镜（HST）为例，由 HST 发展起来的超精密镜面光学加工等技术，推动了空间光学对地观测成像技术的革命性发展；HST 自升空以来已多次进行太空修复，极大地促进了太空精巧机械技术和宇航员太空操作等航天尖端技术的发展。再如，NASA 发射的"深度撞击"号（Deep Impact）探测器经过 4.31 亿km 飞行，在距离地球 1.5 亿 km 处成功击中了"坦普尔 1"号彗星，其控制精度等同于"从 130km 之外击中一只苍蝇的眼睛"，大大推动了航天超远距离测量和控制技术的发展。

我国正在建设创新型国家，跟踪国外先进技术已经不能满足我国可持续发展的要求。因此，大力发展空间科学，牵引和带动我国相关高技术领域的跨越发展，并延伸至其他科技领域与产业，是我国新时期实现创新驱动发展战略的重大需求，是提升国家科技实力和整体竞争力的重大战略需求，也是我国发展成为航天强国的必由之路。

第三节　应对发展中面临的主要问题、服务于社会经济发展

空间科学致力于发现和验证新的空间现象和规律，以及太阳系与人类的关系等重大应用科学问题，是服务人类社会发展、保障人类长期可持续生存的重要应用科学领域。利用空间平台居高临下地观测地球，可以系统地研究大气、岩石、水和生物圈系统。地球系统科学的发展，可极大地提高人们对地球环境和地球系统变化的整体认识水平，提高对天气、气候、地球环境变化和自然灾害的预报预测能力，减少或降低自然灾害对人类社会的影响。雾

霾等现代型环境风险的出现，要求以立体的方式来测量与评估环境的影响，卫星遥感监测具有覆盖范围广等优点，能够在云层上方通过接收到霾、雾和云层不同的光线反射，进行科学监测，有助于宏观地、大范围地反映灰霾发生面积和严重程度，便于整个区域的联防联控。

空间科学研究所获得的新知识和新理论还将为空间应用提供源源不断的发展动力，创造性地拓展空间应用的范围和领域。当前量子信息科学迅速成为近年来物理学和信息科学领域最活跃的研究领域之一，最先走向实用化的量子信息技术是量子通信，利用卫星平台的自由空间光子传输被公认为是最切实可行的克服光子易被光纤信道吸收的弱点、实现广域乃至全球量子通信的技术途径，在空间开展量子纠缠分发的验证实验，可以开拓以量子密钥为核心的保密通信新领域。随着量子通信技术的产业化和广域量子通信网络的实现，在不久的将来，作为保障未来信息社会通信安全的关键技术，量子保密通信将有望走向大规模应用，成为电子政务、电子商务、电子医疗、生物特征传输和智能传输系统等各种电子服务的驱动器，为当今信息化社会提供基础的安全服务和最可靠的安全保障。

空间科学也将推动经济的发展。空间提供的特有微重力、真空、高辐射等环境，可用于开展细胞、生物系统和药物等方面的研究和实验。微重力流体科学开展的多相流过程及复杂流体研究，对于提高传热传质效率具有重要的作用。空间材料科学的研究成果可望提供地面上难于获得的高品质材料，而其技术成果向地面转移可以大大改进地面材料的加工工艺。微重力条件下的燃烧实验研究，为揭示燃烧过程中的基本规律、发展燃烧理论开辟了一条有效的途径，结合微重力燃烧科学的研究，对改善地球环境污染、提高能源利用效率具有良好的应用前景。

第四节 空间科学是我国和平利用空间、提升国际地位和影响力的重要舞台

和平利用空间是国际空间法的基本原则，也是世界各国开展空间活动的宗旨。科学无国界，空间科学因其和平、开放、共享的性质和贡献新的发现与科学知识，而成为各国和平利用空间的重要窗口和体现大国地位、树立国际形象的重要舞台。

　　开展空间科学探测的直接目标是发现新的自然现象和物质运动规律。由于科学发现的唯一性，只有第一，没有第二，因此各国在制定科学卫星规划时都非常强调国际合作，以避免重复。另外，由于各国在空间科学计划中的投入远远不能满足科学家提出的需求，因此也希望通过联合与合作来减少一国所承担的经费压力。为得到世人承认，探测数据和科学发现一定是要公开的，所以并无直接的经济利益可言。这样，在空间科学领域里的国际合作无形中成为各国开展外交和国际政治活动的一个手段。

　　开展航天技术领域的国际合作是我国实现跨越发展的一条捷径，由于空间科学任务的和平性质及其探测数据的可公开性，通过空间科学计划，可以比较通畅地与发达国家开展在航天技术领域的国际合作。一个非常成功的例子就是我国实施的双星计划。通过双星计划，我国不但在先进的科学探测有效载荷方面与欧洲科技先进国家实现了全面的、透明的合作，而且在卫星剩磁控制、表面电位控制、星上综合电子设备、空间环境防护设计，以及研制管理和质量控制等方面都得到了很好的交流与合作，跨越式地实现了技术和管理水平的提高。双星计划是我国第一个空间科学卫星计划，自发射以来取得了大量原创性科学成果，获得国际空间科学界的高度认可，并被称为中欧空间科学合作的典范。2010 年，IAA 授予双星计划和 Cluster Ⅱ 合作团队"杰出团队成就奖"，以表彰他们在空间科学领域所做出的突出贡献，这是我国首次获得的航天领域国际重大科技奖项，凸显了我国为和平利用空间所做出的贡献和努力，极大提高了我国的国际地位和影响力。

　　综上所述，空间科学是与重大科技突破和人类生存发展密切相关的前沿交叉学科领域，是推动人类文明进步、保障人类生存发展、促进航天技术创新、服务国家经济社会发展、提升国际地位和影响力的不可或缺的重要战略领域。发展空间科学，是我国今后长期可持续发展的必然选择。

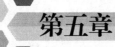

第五章

前沿科学问题

2030 年前，中国的空间科学研究关注以下两大主题：**宇宙和生命是如何起源和演化的**；**太阳系与人类的关系是怎样的**。

第一节 宇宙和生命是如何起源和演化的？

一、宇宙是如何起源和演化的？

（一）宇宙是由什么构成的及如何演化的？

1. 宇宙学与基础物理

现代科学萌芽以后，基础物理学的进展就与天文领域的一些神秘现象紧密联系在一起。作为这个共生关系的一部分，天文研究已激发了基础物理的许多重大进展，反之亦然。现在，天文学家遇到了前所未有的新问题，如暗物质、宇宙加速膨胀等。基础物理学需要新突破才能予以解释，而天文提供了一个很好的探测新物理的场所。在过去的近40年里，天文学家和物理学家在宇宙的基本理论方面取得了引人注目的成就，一个可以解释大部分观测的"标准宇宙学"模型建立起来了。但是这个模型在很大程度上来说是经验的和不完善的，它强烈地依赖三个没有被很好理解的物理思想，即暴涨、冷暗物质和真空能（vaccum energy）。现代宇宙研究给出的物质组分比例如图5-1所示。

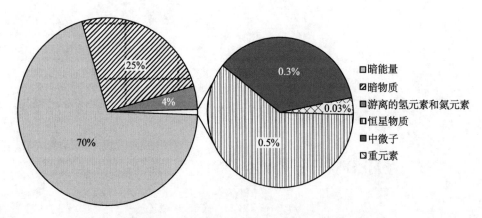

图5-1 基于目前天文数据联合限定得到的宇宙的基本物质组成

资料来源：ESA"普朗克"探测器（Planck）科学团队

暴涨假设提出于20世纪80年代，推测宇宙在它的极早期经历了一个指数级膨胀阶段。这个加速膨胀不仅消除了早期存在的涨落，还产生了一个标度近乎不变的高斯型扰动，这一扰动会在CMB和星系，以及星系团的形成过程中留下痕迹。冷暗物质由一些具弱相互作用的超大质量粒子组成，在早期宇宙的热运动速度较慢，可以解释星系的动力学，并使得微波背景和大尺度结构的观测数据自洽。真空能可以抵抗引力，产生现今宇宙的加速膨胀，但这个膨胀速率与暴涨阶段的膨胀相比低许多个数量级。尽管这个模型在解释观测数据上取得了巨大的成功，但这个"标准模型"在很多方面还难以让人满意，如目前仍不知道是什么物理原因导致了暴涨的发生及结束，也不确定暴涨是否的确产生了一个大的、充满辐射的宇宙，并且提供了一些涨落。对于暗物质，粒子物理学家们提出了一系列的候选体，但是不知道其中是否有正确的候选体。目前，这个模型中最让人吃惊的部分是真空能，尽管量子物理的确允许"真空"具有能量，但是简单的估计表明该值比宇宙加速膨胀所需的大120个量级。宇宙学观测结果对中微子的质量给出了较强的上限约束，这个质量上限表明目前标准粒子物理模型中的三种中微子不可能是暗物质的主要组成部分，物理学家提出的第四种中微子也就是惰性中微子有可能是暗物质的候选体，Planck卫星最新的微波背景辐射观测结果也对此给出了强烈的约束。近期的重要进展及现在标准宇宙学模型的成功和局限之处意味着如下几个问题将引领下个时代的宇宙学研究：宇宙是如何开始的？宇宙为什么会加速膨胀？什么是暗物质？中微子的物理属性是什么？

要解决上述问题，主要的观测方案可归结为三大举措。

（1）绘制尽可能广泛的动力学范围内的宇宙初始条件地图。为此需要进行光学和射电观测，测量 CMB 的温度和极化的扰动及弱引力透镜，进而利用星系和星系际气体来绘制物质在低红移的分布。统计精度和动力学范围的极大提高允许进行新的暴涨模型的检验，通过对空间几何结构进行更高精度的测量，并借助中微子的宇宙学效应，来确定中微子的质量并检验宇宙加速膨胀起源的理论。要实现这一统计能力的巨大进步需要异常小心地控制统计不确定性。

（2）开辟新的观测窗口使科学家可以通过新途径来研究天体物理现象。例如，引力波就是一个极佳的例子，但并不是唯一的一个。暗物质间接探测关键是要极大提高在空间探测伽马射线、宇宙射线的灵敏度及天区覆盖。被高度红移后的 21cm 辐射将提供第一个宇宙再电离时期的三维结构图，并且相关技术的进步将使得在一个前所未有的巨大空间中测绘宇宙的初始条件成为可能。21cm 线所示踪的中性氢是宇宙重子物质中占绝对优势的成分，远多于星系中的恒星总质量。在不同红移处的中性氢（HI）功率谱（power spectrum）将是未来 10～20 年天体物理中的一个基本测量量。尤其是宇宙从黑暗时代（dark age）转亮的过程中，高红移中性氢的特征线从吸收线变成发射线，已成为国内外数十个项目的重要研究目标。这一特征转换至今没有被直接测量，但是已经有重要的基于噪声的天体物理结果[1]，空间独特的宁静的射电环境有可能是这一领域的突破口，需要进行扎实的探索。

（3）把宇宙当成基础物理研究的实验室。对原初扰动的研究可以在比地球实验室高得多的能段来探测早期宇宙物理。对宇宙加速膨胀的研究将直接改变人们对引力和量子真空（quantaum vacuum）的了解。暗物质实验将对"粒子物理标准模型的拓展"进行高精度的检验。天文学观测对中微子的性质提供了多方面并且最强有力的约束（constraints）。而引力波将通过对靠近黑洞区域的研究来对强场下的广义相对论进行高精度检验。

2. 近域宇宙及近邻星系

（1）星系晕内的高温气体

本领域内最重要的科学问题之一是在观测上证实星系晕中高温气体的存在。理论预言这些气体的温度高达 $10^5 \sim 10^7 K$，所以观测手段主要集中在 X 射线和紫外波段。自从第一代空间 X 射线和紫外线天文望远镜发射后，探索星系周围的高温气体就一直是一个主要的研究方向。可是由于仪器本身的

---

① Bowman，Judd D.，Rogers，Alan E.E.，A lower limit of $\Delta_z>0.06$ for the duration of the reionization epoch，Nature，Volume 468，Issue 7325，pp.796-798（2010）

限制，虽然取得了很大进展，却一直无法解决这个问题。例如，欧洲的 ROSAT X 射线卫星虽然观测到宇宙的 X 射线背景辐射可以分解成活动星系核的点源贡献及前景的局部扩散源贡献，可前景贡献的本质一直无法确定。最近，ESA 决定实施 ATHENA X 射线望远镜任务，预期在 2028 年发射，将会非常有效地探测星系晕中高温气体，特别是高于 10^6K 的气体。

发展探测在 10^5～10^6K 温度范围内气体的空间项目将会是一个很好的机会。探测在 10^5～10^6K 温度范围气体的特征，对于了解星系晕和环绕星系介质的特征至关重要。此温度范围里的气体是热不稳定的，可以示踪内流气体在哪里积聚及外流气体在哪里被加热。研究在此温度范围内的气体，可以有效地回答以下几个问题：①$10^5$～10^6K 气体的重子比例是多少？②反馈如何影响星系特征及增丰（enrich）星系际介质？③吸积内流如何影响星系形成？

（2）近邻星系的化石研究

未来 15 年，一个很重要的发展趋势即把当前只能适用于银河系和离银河系较近的星系（如仙女星系 M31 等）的可分辨恒星观测研究推广到更多更远星系（至<20Mpc）。如此才能了解在不同的星系中，不同金属丰度、不同气体含量及不同大尺度环境中的星系的恒星组成及初始质量函数的差别，对星系的组合（assembly）才能有更深入的了解。

另外，近邻星系有丰富的中红外光谱谱线，是研究尘埃和气体详细特性的非常重要的波段，Spitzer 光谱探测到的丰富的科学成果充分展示了这一点。遗憾的是 Spitzer 不是巡天望远镜，在其工作期间只获得了两万多条光谱，而且样本不够均匀完整。如果能以巡天的模式，获得天空中一定亮度的所有星系的中红外光谱，其科学成果和意义将是非常可观的。当然一个真正意义上的中红外光谱巡天望远镜除了对探测器要求较高外，可能还需要类似多目标光谱仪（MOS）这样的技术，而目前采用此技术需要频繁挪动仪器部件（如光纤头等），这一要求对仪器在空间的稳定性带来了极大的挑战。一种折衷的方法是实现以某种光谱特征（如 PAH 发射）为主要观测目标的窄波段全天巡天，或使用无缝光谱技术实现中红外光谱巡天。

（3）星系中的质量—能量—化学循环

在宇宙学时标上的星系演化过程中，星系尺度的外流移除了大量的冷气体，对降低恒星形成率起着至关重要的作用，避免了出现"过冷问题"（过多可见物质转化为恒星）。星暴（starburst）星系中由大质量恒星星风和超新星爆发驱动的"超级星系风"（一个经典的例子是星暴星系 M82）能够把高金属丰度的星际介质传输到星系际尺度，显然对质量、重金属元素在空间中重新分布十分重要，星暴星系在质量、金属和能量上对星系际介质有多少贡献尚不清楚。由于星际介质的密度和温度分布在极大的范围，星系尺度外流有着明显的多相性。人们对外流中的温热成分，尤其是含有大部分能量和重金属、发射 X 射线的热气体外流化学和能量循环的了解还有待提高。因此，近邻恒星形成星系（包括银河系在内）中星际介质的结构和物理状态是空间观测可以发挥优势的一个重要研究对象。

银河系内的恒星形成活动主要集中于恒星团，然而人们对如下问题还不了解：星际介质的哪些性质决定了最终的恒星团状态（如 OB 星协、球状星团、"超星团"）？恒星释放出的能量是如何影响星际介质和气体—恒星之间的转化的？恒星星风和超新星是怎样增加星际介质中的重金属元素丰度的？由于观测上的空间分辨能力不够，对遥远星系无法观测单个恒星（的星光），而是观测星光束。因此，需要对银河系和近邻星系中的这些问题进行仔细研究，才能更好地理解星系的演化过程。

另外，作为恒星形成研究的一个关键方面，初始质量函数与星系的物质能量循环过程紧密相关，也值得进一步开展空间观测与研究。银河系内不同区域的初始质量函数显示出惊人的一致性，其与周围环境的特性没有相关。在近邻星系中有初步证据表明，初始质量函数在星系中心和星系盘的远端有所不同，确认这一结果和理解初始质量函数的变化对所在恒星形成区条件的依赖性将有利于我们对高红移恒星形成的理解。

（4）明亮物质和暗物质的联系

①利用本地（local）宇宙作为暗物质实验室。Lambda 冷暗物质模型（Lambda- Cold Dark Matter，ΛCDM）图像在相当广的天体物理尺度上是成功的。在最大的尺度（大于 10 Mpc）上能拟合星系的空间成团性、微波背景的温度各向异性分布和 lyman-alpha 丛林系统中氢吸收线的成团性。在小一点的尺度（0.1～10Mpc）上，由数值模拟预计的星系晕的密度分布及成团的暗物质好像与引力透镜和星系动力学的推断是一致的。然而，ΛCDM 模型在最小的尺度上还没有得到验证。由于塌缩的暗物质晕的最内部结构和表征 ΛCDM 模型的高的初始相（initial phase）空间密度之间有紧密联系，这些尺度提供了一些最灵敏的暗物质性质探测。现在已知在星系中心，由 ΛCDM 预计的高中心密度和尖端轮廓，与有些低的密度和较平的轮廓（其动力学观测是在亚千秒差距尺度上）之间有很好的关联。此外，ΛCDM 预计了有很多非常小的暗物质晕，但迄今为止这个亚结构有很大的部分没有被

探测到。这些冲突是否将改变 ΛCDM 模型尚在争论中。尽管模型利用重子物理有可能提供充足的解决方案，但是没有一个可以被证明为正确或者是比较独特的。

②在低星系质量下重子—暗物质联系是什么？因为低质量星系看上去由暗物质主导，它们的动力学特征是暗物质势（dark matter potential）的最好探针。必须找到足够低亮度的系统，并测量它们的内在动力学特征，包括径向速度和自行（proper motion）。第一步依赖于在深的多色测光巡天中找到过密的恒星，并利用光谱确认是超密的。斯隆数据巡天任务（Sloan Digital Sky Survey，SDSS）已经在银河系的维里半径之内取得了很大进步。被证认的矮星系的剧烈增加需要将来更深的成像和更大视场的巡天。第二步需要光谱跟踪红巨星分支上的恒星（$-4<M_I<0$），其分辨率大约为 1 千米/秒，现在在 SDSS 中发现的超暗矮星系的距离上 8m 望远镜是可以实现的。

③在本地存在多少低质量的亚结构？ΛCDM 预计的低质量暗晕，要比本地所有小质量星系（经典的和极暗的矮星系）导致的低质量暗晕高一个量级。这个问题有两个可能的解决方案：第一个方案是重子物理（baryonic physics），它能压制亮矮星系的形成，从而留下大量的暗晕，导致缺乏可以探测到的重子。第二个方案需要改变 ΛCDM 自身的图像，如果第一个解决方案不能支持的话，这可能是必须的。如果重子物理可以解释的话，那么每个极暗矮星系对于更大数目的不可见的暗物质晕而言应该是"冰川一角"。这个数目极可能通过它们对亮物质的引力影响从而被间接探测，这些影响包括：背景天体的引力透镜、表面上孤立的星系里的动力学扭曲、矮星系多余的动力学加热，或者在潮汐尾巴里的气体累积的种子。

④暗物质粒子的性质能够被直接限制吗？如果暗物质是一种弱相互作用粒子，那么在目前比较受科学家青睐的模型下，它应该会有些小概率湮灭，产生伽马射线和（或）X 射线辐射。对于这种湮灭，银河系中心可能是最亮的源，但在这个区域，天体物理本底的存在导致很难分清这些光子是由候选暗物质粒子产生的，还是由超新星遗迹、脉冲星和双星产生的。最有可能找到微弱相互作用暗物质的地方可能是极暗矮星系的心脏区域，在这个区域质量比较集中，恒星数量少，因而天体物理本底更低。同时，这个区域密度很高，使得和粒子数成平方的暗物质辐射比率大大增加。对于暗物质辐射的确切探测将首次决定性地绘制出暗物质的密度轮廓。

⑤较高星系质量的重子质量分布和动力学是什么？尽管矮星系是探测

暗物质物理的极好的实验室，但它们仅仅是暗晕质量分布的一个极端。因此，关键是探测更高质量的暗物质结构，为此需要探测那些在星系内部占主导的重子一族，即以角秒量级的分辨率绘制气体和恒星的二维动力学成图；精确限制（constraint）由恒星和气体成分所贡献的质量，包括分子和热气体；构建完全自洽的动力学模型以包含非圆运动的影响；利用球状星团、远距离的恒星、卫星星系，或者热的气体晕，在较大半径处给出特征质量分布；利用可以到达星系主轴之上的动力学探测来限制三维的晕的形状。

（二）宇宙中不同尺度的结构和天体是如何起源和演化的？

1. 跨越宇宙历史的星系

在星系领域最重要的前沿科学问题有以下几个方面。它们也是 2016～2030 年我国空间天文研究需要回答的最重要的科学问题：

（1）宇宙结构和星系的演化：星系如何从红移达到数十的早期宇宙演化而来，宇宙结构（包括星系际介质）是如何演化的？

（2）黑洞的形成和演化：黑洞附近发生了什么？广义相对论在强引力场下成立吗？黑洞是如何形成和演化的，其对环境的影响及在星系演化过程中的作用是什么？

（3）宇宙的黎明发生在什么时候，是什么天体最早照亮并电离了宇宙？

（4）宇宙重子物质：星系内外的重子是怎样循环的？它们经历了怎样的物理过程？

2. 太阳系外行星

随着系外行星发现数量的不断提高，诸多新的前沿科学问题被相继提出。目前，人们已经站在回答以下"挑战人类现有认识"的两大基本问题的边缘：

（1）太阳系外是否存在支持生命的类地行星？

（2）该类行星之上是否已经有生命存在？

对上述问题的回答将再次突破人类对自身在宇宙中的位置的认识。太阳系外行星前沿科学问题分为以下三类：

①宇宙中宜居环境的本质及其分布情况？哪类恒星的宜居带内存在类地行星，其数量比例是多少？宜居带内行星系统的形成与演化机制是怎样的？是否存在与生命起源有关的普适的物理及化学原理？太阳系外生命信号的识别方法，即如何遥测系外行星大气环境及表面特征？

②太阳系外大质量行星（>10 个地球质量）的数量及整体分布情况是怎样的？行星形成、结构及演化的物理机制是怎样的？能否实现行星形成或者

演化过程的直接成像观测？年轻的大质量行星的辐射过程是怎样的？其大气环境、有效温度、表面重力及组成情况是怎样的？

③近距恒星星周尘盘（circumstellar dust disk）的质量、整体分布及构成情况，尤其是宜居带内星周尘盘的分布是怎样的？能否直接观测到星周尘埃盘内的动态结构？星周尘盘与系外行星的关系是怎样的？外星黄道尘（exozodiacal dust）的物理特性及其分布情况是怎样的？它们将怎样影响对系外行星的直接探测？

3.恒星及恒星演化

（1）大质量恒星的死亡和致密星体的形成

①伽马暴在高能伽马射线爆发前是否有先期的 X 射线爆发，进一步探索伽马暴爆发事件更早期的行为。

②伽马暴爆发事件从早期到晚期的 X 射线辐射，刻画伽马暴全景的演化过程以揭示伽马暴中心引擎的长时标演化行为，理解恒星级黑洞的诞生过程。

③探测伽马暴的延展性 X 射线辐射，揭示致密天体并合形成的伽马暴中心引擎的长时标演化行为和前身星性质。

④探测大质量恒星形成的伽马暴响应的激波暴辐射。

⑤超短伽马暴（持续时间 100ms 以下）与快速上升的伽马暴（FRB）关联性和起源问题。

⑥引力波暴的电磁辐射对应体。

⑦探测 X 射线闪，并研究其物理起源。目前，这种现象被认为是由低洛伦兹因子的火球、偏轴的喷流、高红移的伽马暴产生。通过观测 X 射线闪及其多波段辐射，研究其物理起源。

⑧探测伽马暴的 X 射线余辉平台偏振。X 射线余辉平台可能是内部的能量耗散或者是外部的能量不断增加的激波辐射。通过观测 X 射线余辉平台的偏振，研究其物理机制，从而获得中心引擎的信息。

（2）超新星机制与前身星

虽然 Ia 型超新星作为宇宙标准烛光已被成功地运用到宇宙演化参数测量中（2011 年诺贝尔物理学奖工作），但它们的具体生成机制至今还未被完全理解。一般认为，白矮星通过吸积达到钱德拉塞卡质量（1.4 个太阳质量），其中心会激发不稳定的热核燃烧，从而产生 Ia 型超新星爆炸。要满足每 1 千年 3 个 Ia 型超新星这一观测到的爆发率，只有双星中的较大质量碳/氧（C/O）白矮星才有可能是前身星（progenitor）之一，而双星类型则为激变双星或共生双星。要充分理解这些前身星候选体的组成，需要测量它们的质量和吸积率，其他可能影响最终超新星爆发的参数还有白矮星自转和金属丰度，这两个参数也需要充分研究。

（3）致密星体的吸积与爆发

①外流问题。不同吸积模式（热吸积流、冷吸积流）下，外流的产生机制、强度、速度、角分布是怎样的？它们与星际介质的相互作用过程是什么？除了对于吸积物理本身，它对于活动星系核反馈、星系形成和演化也有着重要影响。

②黑洞双星的软态和硬态之间的相互跃迁是如何发生的？

③与上述问题相关的是：中间态或者甚高态的理论模型是什么？这个问题很可能跟热吸积流的热稳定性问题相关。热不稳定很可能是存在的，但人们不清楚该不稳定性会最终导致什么物理现象，有没有可能导致两相吸积流？这需要详细的辐射磁流体动力学数值模拟及详细的观测数据。

④喷流的产生仍然是尚未解决的问题。为何看起来只有热吸积流存在喷流？黑洞的自旋到底起到多大作用？间断性喷流的机制是什么？为何它们在态跃迁的时候（when state is transited）容易发生？吸积盘中磁场的构型如何决定？它们对于喷流形成的作用是什么？吸积流是否能够达到磁主导（magneticaly arrested disk）的情况？

⑤跟上述问题相关的是：为何发现高光度的黑洞双星不存在喷流，但是有些高光度的活动星系核（射电亮的类星体）却似乎存在喷流？如何理解这种不一致？

⑥测量黑洞自旋。目前，测量黑洞自旋的两种主要方法是利用连续谱测量自旋和利用铁 K 发射线测量，这两种方法均依赖于模型并且对于一部分源两种方法得到的结果不一致。通过测量 X 射线双星的偏振可以测量黑洞自旋，当光子通过黑洞附近时，光子的偏振角会被偏转。当黑洞双星处在软态（soft state）时，X 射线辐射由来自吸积盘的热辐射主导，由于吸积盘的温度随半径减小而增加，而更高温的吸积盘会发射更高能的 X 射线光子，结果是观测到 X 射线的偏振角依赖于能量。由于吸积盘的最内半径（一般认为软态吸积盘最内半径位于最内稳定轨道上）依赖于黑洞自旋，黑洞自旋越大，偏振角的变化就越大（图 5-2）。黑洞双星的偏振观测可能提供了利用偏振测试强引力场的最简洁的例子。

⑦吸积 X 射线脉冲星。

a.限制辐射区几何："pencil"和"fan"两种辐射区几何都能够解释能

谱和脉冲轮廓。区分这两种几何不仅是研究脉冲星的一个重要课题，而且能够帮助理解"消失的脉冲星"问题。由于垂直于磁场的辐射线偏振度最高，对"fan"几何来说，流量和线偏振度是同相的，但对于"pencil"几何来说并不是。因此，偏振观测能够帮助确定发射区的几何结构。

b.由于线偏振方向由磁场方向决定，所以测量偏振角度能够帮助限制磁场的几何。

c.偏振度随能量的变化趋势依赖于电子回旋能量，因此，X 射线偏振观测能够研究电子回旋能量并与模型比较。

d.量子电动力学预言的真空双折射效应会产生如下偏振观测特征：斯托克斯参量非常强地依赖于能量及在某个相位上 90°的跳变。对 X 射线脉冲星的偏振观测不仅能够提供量子电动力学的直接证据，而且能够限制发射区的磁场和密度。

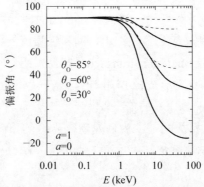

图 5-2　不同情形下无穷远处观测的偏振角随能量的变化曲线

大气光学深度 τ=1.0，虚线对应史瓦西黑洞，实线对应极端科尔黑洞，观测角分别为 30°、60° 和 85°

资料来源：Dovciak M et al.，2008

⑧吸积毫秒脉冲星和 X 射线爆发体。

a.理解吸积毫秒脉冲星的辐射机制：通过研究吸积毫秒脉冲星的能谱，发现它们的能谱一般包含两个成分：一个是温度在 1keV 左右的热成分，一般认为来自热点（hot spot）；一个是硬的幂律成分，理论认为来自辐射激波中的康普顿化过程。中子星的自转使流量、偏振度、偏振角随相位演化。尽管不同模型都能够解释脉冲轮廓，但它们预测的偏振度和偏振角随相位的变化趋势不同，因此，X 射线偏振测量将能够区分不同模型（图 5-2）。

b.在低质量 X 射线双星中，包括一些吸积毫秒脉冲星中能够在 X 射线波段观测到与能谱态相关的准周期震荡（QPO），这些 QPO 的本质还不清楚。由于大部分 QPO 模型需要内盘的各向异性，期望 X 射线偏振和 QPO 的行为相关,对不同能谱态 X 射线偏振观测能够帮助区分不同的 QPO 模型。

⑨核球天体的监测。X 射线天空中最亮的致密天体是在银河系核球内的明亮 X 射线双星和中子星。这些天体具有丰富的短时标和长时标光变,其中不乏能够探测致密天体自转、轨道运动及来自最内吸积流的时变信号。连续观测和长期监测,对研究这些信号的起源、监测吸积加速和减速,以及研究长时标和短时标上吸积和喷流的联系是必不可少的。当前对这些天体的 X 射线时变和能谱观测缺乏连续性和覆盖中长期时标的观测,对这些天体爆发的探测还不够及时、完整。解决这些问题需要发展具有大视场、多目标、连续监测和时变观测能力的空间 X 射线观测设备。

(4)恒星基本物理参数的测量

对恒星结构和演化的正确认识是理解从恒星—行星系统到大尺度结构的几乎所有天体的基础。但是,目前对恒星结构和演化的认识还不够深入,主要原因是对恒星的质量、表面温度、半径等基本物理参数测量不够精确,对恒星的转动、金属丰度(metal abundance)等参数知之甚少。

对恒星天体物理的认识不足阻碍了几乎所有天体物理的进展,因为其他天体物理的研究严重依赖于恒星物理的知识。例如,对太阳系外行星的年龄和质量的测量依赖对寄主恒星的质量和年龄的测量;中等质量双星中的质量交流导致 Ia 型超新星的爆发,并可作为检验宇宙加速膨胀的标准烛光;长伽玛暴的前身星很可能是大质量、高金属丰度、快速转动的恒星;第一代恒星可能是宇宙再电离的电离源之一;恒星内部通过热核反应产生金属元素,并通过对流、星风和超新星爆炸将金属抛撒到星际气体中,决定了星系的化学演化,影响了星系的形成和演化。

(5)脉冲星科学

脉冲星研究不仅会进一步加深人们对基本强相互作用性质的认识、有助于检验引力理论和探测低频引力波,而且在建立精确的时间标准和导航体系等工程应用中扮演着重要角色。这些科学(物态、引力与引力波等)和工程学(时间频标、导航等)上的意义注定了脉冲星研究在我国未来天文学发展规划中不可或缺。

脉冲星的物态(state of matter)明显地与其中夸克之间相互作用的特定行为有关,而描述夸克之间基本强相互作用的理论体系是量子色动力学(QCD)。QCD 至少有两个基本特征,即高能标时渐近自由(因能作微扰论处理,理论推演很好地与实验吻合),但低能标下夸克却表现出强的相互耦合（即丰富的非微扰效应；因难以理论计算而未能像高能标情形那样很好地实验检验）。不幸的是，类似于原子核系统，由超新星爆发而形成的脉冲星也属于非微扰 QCD 效应显著表现的场所。不过反过来，这也为利用脉冲星的观测现象认识低能 QCD 提供了天文学途径。

最近热门讨论的一种脉冲星类天体是反常 X 射线脉冲星和软伽马射线重复暴；它们处于 *P-Pdot* 图的右上角（图 5-3）。这一特殊的脉冲星品种可能是磁场供能的（又名磁星，magnetar）。2006 年人们发现了磁星的射电辐射，从而在射电脉冲星和磁星之间架起了桥梁。磁星的射电观测和理论研究有助于理解普通脉冲星和磁星的异同、认识磁星的内部结构，并帮助人们最终理解射电脉冲星的辐射起源。今后与磁星相关的脉冲星研究可以包括如下三方面：

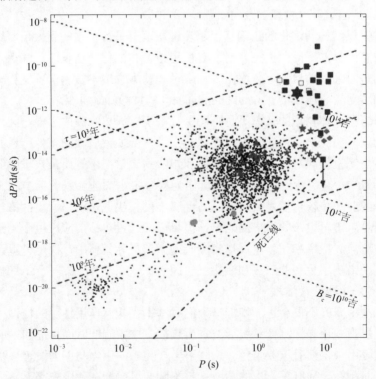

图 5-3 已经发现的脉冲星类天体周期（*P*）与周期导数（*P*-dot）

图点，转动供能脉冲星；正方形，磁星，菱形，X 射线暗孤立中子星；

五角星，转动射电暂现源；三角形，间歇脉冲星，圆形，中心致密天体

资料来源：Astron. Nachr, 2006，88：791

①发现更多强磁场的脉冲星，以研究脉冲星和磁星的过渡区域；②发现磁场

强度可以达到 10^{15}G 的射电脉冲星，但依然是转动供能的，这将直接挑战通常脉冲星和磁星的分类和定义；③在磁星中发现持续的射电辐射，这将意味着在磁星中看到了转动能供给的活动。此外，磁星制动指数和磁倾角的测量也将限制其制动机制和磁层几何，为研究磁星的磁层和辐射机制提供很强的约束。

对引力相互作用的认识历程，曾经大大推进了整个理论物理学科的革命与进步。现今人们认为，爱因斯坦的广义相对论在一定能区内给出了引力的很好描述。但是，仍存在暗物质、暗能量、引力量子化等课题，这需要给出更深层次的理解。广义相对论是否对引力做出了最终的理论解释？引力场的传递是否存在超出广义相对论预言的其他组分？引力相互作用中的等效原理是否精确成立？引力相互作用是否与引力系统的速度和位置无关？天文观测中的黑洞是否与广义相对论中预言的性质一致？所有这些问题都将可能在脉冲双星系统的计时研究中得到不同程度的回答。

未来中子星-黑洞系统的发现，可作为检验黑洞性质的重要场所。在此类系统中，引力场强度相较于其他脉冲星双星系统有量级上的提高。因此，各种轨道相对论效应都将极大地加强，进而使传统相对论效应的测量和检验的精度有量级上的突破。此外，通过测量黑洞自旋所带来的惯性系拖曳效应对双星轨道的影响，可以测出黑洞的自旋。这一结果可直接用来检验"宇宙监督者假设"，即所有奇点都处于黑洞的视界内。对于相对论效应极强的系统，如绕银河系中心黑洞运行的脉冲星或者十分致密的脉冲星-黑洞双星系统，在持续观测数年后，还有机会通过模拟黑洞四极矩带来的轨道震荡，测得黑洞的四极矩。这一结果，加上黑洞质量和自旋的测量，可用来检验黑洞"无毛"定理（no hair theorem），即任一黑洞只能用质量、自旋和带电量三个参数描述。

（三）是否存在超越现有基本物理理论的新规律？

在实验室，当把原子气体冷却到微开尔文（μK，10^{-6}K）以下而接近纳开尔文（nK，10^{-9}K）量级时，发现了玻色-爱因斯坦凝聚（BEC）这种新物态。在空间微重力环境下，有望把原子气体的温度再降低几个量级，例如，降到皮开尔文（pK，10^{-12}K）甚至是飞开尔文（fK，10^{-15}K）；冷原子在如此低的温度下可能会呈现全新的奇特物理特性和新的物态。为了寻找这类新物理，需要在空间站和空间科学卫星内研究冷原子的量子相变问题，并寻找新奇量子物质、新物态及新的量子体系。

超越相对论的新理论，如引力规范理论、超引力、高维引力理论、大统一理论（包括超弦理论）等新理论预言了许多新物理现象和规律，例如，具有不同材料或者不同自旋的物质（宏观物体或微观粒子）在引力场中会具有不同的自由落体加速度（即等效原理不再成立，这预示着新的基本相互作用力的存在）；物质之间的距离在亚毫米量级时它们之间的引力与间距的关系会偏离牛顿引力反平方定律；基本物理常数的时空依赖性（意味着强等效原理的破坏）等。寻找这类新物理所需要的高精度实验观测只有在空间才能实现，这类空间实验能够更加精密地检验相对论寻找新物理，例如，大统一理论预言精细结构常数将是时-空点的函数（这意味着强等效原理的破坏），为了检验这种预言可以利用比地面钟更为精密的空间冷原子微波钟和光钟寻找精细结构常数对空间-时间的依赖性，从而检验作为广义相对论基本假设之一的强等效原理。

二、生命是如何起源和演化的？

生命是自然界最大的奥秘，生命起源问题是一个多学科的问题，涉及生物学、化学、地质学和天文学等有关生命起源的探索。

研究生命起源有两种本质上完全不同的理论。第一类如特殊创造论、泛孢子理论、自然发生论、生源论、宇宙生命论等，然而，迄今它们都不能正确回答生命起源的问题。第二类是在达尔文的进化论创立之后提出的化学进化学说。

地球生命是一个客观存在，但现今还没有一条被学术界普遍接受的"生命"定义，这也恰恰说明对生命的本质探索尚有许多未解之谜，许多问题暂时无法统一被认可。不仅宇宙生物学和天文学正在探索地外生命，科学家也已经在实验室合成了"人造生命"（artificial life）。生命是复杂的现象，即使最简单的微生物也有非常复杂的生理生化特征，然而目前提出一套属于定义中的生命应具备的基本特征是必要的。当今，令人惊讶的是，可以从火星探测器在送回地球的图像中看到大量微球形结构（图 5-4）。这些颗粒是来自微小生命吗？究竟有多少检测到的生命特征可让人相信火星存在生命？那么很明显，在火星着陆器设计中，需要对生命进行定义，去指导对飞行器选择检测工具包、搜寻测试所有生命特性，开展地外生命科学探索。

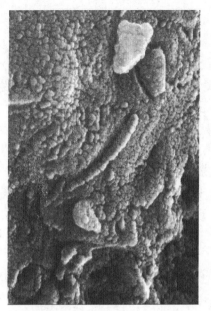
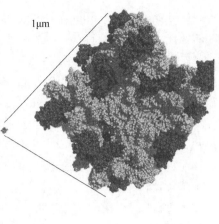

1μm

图5-4 从一种来自火星 Allan 丘陵的陨石观察到的核糖体鳞状结构

右侧图上黑色竖线条长度等于 1μm。这意味着任何火星生命

似乎也必须使用跟地球人一般大小的核糖体构造蛋白

资料来源：Steven A，Benner. 2010. Defining Life. Astrobiology，10：10.

彩色图像请参考：www.liebertonline.com/ast.

对生命起源与进化的研究可以让人们更清楚地了解生命的本质及意识的本质问题，也有助于解决人类生存的哲学意义。因此，生命起源与进化的研究意义非凡。

（一）生命是如何起源和演化的?

1.生命起源与化学进化研究

（1）星际分子的研究。迄今已发现的 60 多种星际分子，600 多条分子谱，尤其是当时地球上尚未找到分子的存在，引起了化学家、天文学家、生物学家的注意。其中，有些分子，如 HCN、H_2、CO、CH_3、CH_2、COOH 等则是合成生命基础的蛋白质和核酸的前体分子。已发现的分子成为研究星际云、低温恒星等天体物理、天体演化重要的探针。星际分子、陨石中有机分子和彗星中有机分子的发现，不仅说明了生命前的化学进化不只在地球上进行，同时，也激起了人们搜索地外生命的兴趣。

（2）太空中左旋氨基酸多于右旋。2009 年 3 月 NASA 戈达德航天飞行中心（Goddard Space Flight Center，GSFC）的一个研究小组仔细分析了一种叫做碳质球粒的陨石样品，他们发现了一种叫做缬氨酸的氨基酸。同时发现，三种碳质球粒陨石上含有的这种左旋氨基酸都大大高于右旋氨基酸。如果这种对氨基酸的优先选择机制早在生命起源之前就已存在，那就说明在生命出现以前，必定存在一种比生化反应还要早的化学反应过程。如果这一过程能够在地球上完成，那么在太阳系的其他地方也很可能已经完成了，因为太阳系其他地方也可能有合成生命的原料和条件，如火星深处、"土卫六"等的冰质外壳深处可能存在的海洋等地方。

地球生命体中，糖分子以右手型为主，而蛋白质的基本单元氨基酸则以左手型为主。陨石中所含的异缬氨酸，左手型的比右手型的要多；右手型的苏糖比左手型的苏糖要多。有人认为，生命体糖类的"右倾"特性，有可能就是这样开始的。

星际尘埃带来的有机分子帮助地球产生生命，在合适的环境下，初步演化形成生机勃勃的生命物质。美国"星尘"号飞船（Star Dust）上的一种新型光谱仪发现，彗星尘埃中存在一类被称为 PQQ 的辅酶，它是产生遗传物质的许多必要前提中的一个，为彗星生命起源学说提供了新的佐证。科学家认为小行星等天体携带了关于太阳系起源的信息，其中也隐藏着生命奥秘。

（3）RNA 自身复制。美国学者于 2009 年提出，他们发现 RNA 酶可以在无蛋白质和其他生物材料存在的条件下，交叉地以 RNA 为模板进行自我持续复制，并可以进行放大。这个发现可能对生命起源意义重大。

（4）C—C 键及其化合物。2010 年，法国学者提出，在水下火山口地区，可以通过镍催化简单的小分子（如 CO）形成前生命必需的 C—C 键及其化合物。

（5）基本氨基酸需求约束。2010 年，美国学者提出，在生命起源前的地球上有最少的基本氨基酸需求约束，即"BAA(-)World"假说（hypothesis that basic amino acid negative proteins）。这意味着，如果不具备形成蛋白质的最基本的氨基酸条件，生命起源是不可能的。最基本的两个氨基酸为精氨基酸和赖氨酸，它们均是碱性氨基酸。

（6）甲烷与二氧化硫的光解反应。2010 年，美国学者研究了在各种实验条件下如何形成硫酸盐、单质硫气溶胶，发现有机硫化合物可以通过甲烷与二氧化硫的光解反应得到，同时也讨论了其对早期地球的意义。

（7）2010 年，NASA 学者提出检测火星上是否存在有机物的最好方法是在原处检测，因为其他方法都可能会产生难以避免的假象。同时，也探讨了具体分析方法，如如何更好避免误差和假象。

（8）紫外全景（UV-PanCam）。2010 年，NASA 学者和法国学者认为，火星上是否曾出现过生命是主要的火星探索目标之一，这对了解物理与化学环境如何影响远古生命的起源和进化至关重要。为了有更灵敏可信的结果，Michael C 等发明了利用紫外全景方式采用激光诱导荧光发射搜寻火星上的有机物质方法，并对地球上类似于火星的环境中在多波段使用该技术进行模拟使用进行了讨论。

（9）2011 年英国学者提出，浮石具有的显著特性可能会对生命起源产生有意义的作用，它可提供给最早微生物群体生存的栖息地，因此，浮石是生命起源最卓越的基质。假若浮石为生命的起始提供物理基质可以通过实验证明的话，作为生命前期化学反应证据的浮石是宇宙生物学研究的关键。

（10）硅凝胶体矿皂石黏土矿。2012 年，美国学者提出，陨石中含有丰富的 Si、Al 和 Mg 等元素，在 60℃ 温度、常压和草酸盐存在下，可利用碳质球粒状陨石形成重复性的硅凝胶体矿皂石黏土矿，在其上可进行有序的模板催化的聚合反应过程，这对原始地球"黏土矿"在生命起源中的潜在意义给予了支持。

（11）自然界光学活性起源是生命起源研究的一个重要课题。目前，世界上多数学者否认有神秘的生命选择力存在，主张寻找物理缘由。现已提出几种假说来解释光学活性的起源，主要有：①宇称不守恒（Vester-Ulbricht 机理，Yamagata 机理）；②圆偏振光引起光学活性；③泥土表面理论；④不对称晶体——石英；⑤立体选择结晶；⑥统计起源论；⑦活力论；⑧地磁场论；⑨中子星论；⑩其他如台风理论、顺磁理论、地球轨道手性理论等。

然而，各层次的对称性破缺起源的原因和统一问题至今仍未解决。

近年来，随着合成生物学的形成和发展，其在空间生命科学中关于生命起源、地外生命探索、建立空间生保系统、改造外星环境等多方面的研究中表现出蓬勃的生机，带来了概念性的突破。这一新兴学科即将在空间生命科学相关研究领域产生巨大影响，因为科学家们可以利用这项新的技术来模拟生命形成初期的过程，以探索生命起源的机制和机理。科学家研究人工合成支原体的成功（Venter J. Craig，2011）让人们更进一步认识了生命的本质，Venter 等证明了可以利用现有的一些原材料来打造生命，也借此终结了一场持续千年的争论，即有关生命的本质是什么的争论。Venter 的工作开启了利用合成生物学来研究生命起源的新时代。希望能够利用合成生物学的研究得到更多关于生命起源和进化的证据，支持进化论的观点。同时，也为空间生命探索提供一些思路。

2.极端微生物与生命起源和地外生命探索

微生物学家已经从研究地球极端环境生态系统，如地球寒冷、高辐射、温差大幅度变化、低营养的冰海中，发现生活着很多嗜冷生物（psychrophiles）。已有研究表明，地球生命对温度有广泛的适应性（图 5-5）。尤其是动物、植物无法生存的极端环境中，还生活着微生物。

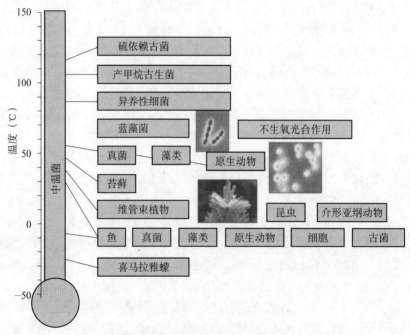

图 5-5　生命的温度耐受极限图

资料来源：Horneck，2008

2008 年由英国开放大学的研究小组采集自英国德文郡比尔村的海岸岩石上的普通细菌被送往 ISS。这块特殊的岩石样本放在 ISS 的技术曝光平台上，这批细菌经受了极端的紫外线和宇宙射线辐射及急剧变化的温差，石灰岩中的所有水分都应在这种环境下汽化，但约一年半（553 天）后，很多细菌仍然活着。2010 年美国学者探讨了地球和地外行星冰冻层里长期存活在冰点下的微生物代谢活性的意义。研究者称微生物长期在地下环境存活可能限制了化学物质（即水解和氧化）及粒子辐射引起的DNA 破坏，从而获得了长期生存的机会。栖息在整个地质时代永冻环境里的微生物，长期活跃的代谢不会因粒子辐射或熵降低的生化反应而引起 DNA 染色体被破坏。

美国科学家在新墨西哥州卡尔巴斯附近地下岩洞的一个古老盐结晶体内发现了一株嗜盐菌，已经存活了 2.5 亿年。该嗜盐菌的复活挑战了生命存活时间的极限，同时，也提示生物的星际旅行是可能的。2009 年，美国科学家在一块盐晶中发现了存活 3 万年之久的细菌，它们以同样身陷囹圄的藻类遗骸为食。这是迄今有关生物体长期生存的最具说服力的例证。

位于智利北部的阿塔卡马（Atakama）大沙漠是世界上最干旱也可能最古老的沙漠，拥有类似火星上干旱条件的生命极端的生态环境，被气候学家称作"地球旱极"。在这片类似火星的极端地带，科学家们此前从未找到过生命的痕迹。2012 年由智利和西班牙科学家组成的考察小组在沙漠腹地发现一个由细菌等微生物组成的"生命绿洲"，从而推翻了此前学术界对该沙漠腹地无生命的论断。

南极洲大峡谷中干燥多孔的岩石环境与火星最为相似，其中的菌株显示出更大的耐辐射性。这一极端耐辐射性对于评估位于接近火星表层微生物的潜在存活时间具有重大意义。在南极洲大峡谷干燥多孔的岩石环境中生活的真菌被当做探索火星生命的真核生命模型。

2012 年 8 月美国威塔州立大学学者致力于在地球富含高浓度硫酸镁的湖泊里寻找微生物，并关注在飞船设备洁净室中寻找类似生命的问题。该研究团队曾在华盛顿州的热湖和不列颠哥伦比亚的巴斯可湖（Basque Lake）分离上百种生活在高浓度硫酸镁环境中的微生物。

2012 年 9 月美国普林斯顿大学学者进行的计算机模拟显示，远古时期其他恒星系中行星岩石残片具有较大概率降落在地球表面。其中，一些残片嵌有微生物，或许它们是地球生命的起源。这一推论为"石生论"（lithopanspermia）提供了支持，暗示着宇宙生命是一个整体系统，生命通过物质交换的途径遍布整个宇宙。

（二）获取地球以外存在生命的证据

目前人们对于地外生命的存在形式尚缺乏认识，所有的认识都基于地球生命。地球上的生命大多以碳（C）基为骨架，氢（H）、氧（O）、氮（N）、硫（S）、磷（P）也必不可少。从这些元素在宇宙中的相对丰度及其在生命中所起的重要作用推测，地外生命也极有可能利用这些分子。基本的设想是地外生命的碳基可能被硅（Si）、氮（N）、铍（Be）、磷（P）等元素取代，而氨水可能取代水作为生命的溶剂，由此提出了以下几种可能存在的地外生命形式。①氨基生命。Haldane 和 Darling 基于液态氨和水有很多相似的地方，即能溶解很多金属元素和非金属元素，且很多有机或无机的化学反应也可在其中正常进行，提出了液态氨可以取代水支持地外生命的假说。②硅基生命。Scheiner 认为基于硅的地外生命热稳定性较好，可生存于高温环境中。这种假说可引导人们在高温富硅的天体上寻找地外生命。③氮基生命。氮元素极其重要，也被认为在宇宙中可以取代碳而作为生命的基础。其依据是在以氨水或氢氰酸作为溶剂的低温环境下，氮也可能形成长链。④磷也可以作为生命的一种构架，PH_3 作为一种较好的溶剂可能在地外生命的活动中取代水，磷最好是与其他元素如碳、硅或氮共同形成与生物相关的链。⑤Houtkooper 提出了基于 $H_2O_2-H_2O$、可适应低蒸发压的火星生命假说。这些假说进一步丰富了关于地外生命存在形式的认识，提供了寻找地外生命的靶目标，但这些假说都未能得到进一步证实。

不论是天体物理学家、天文学家、生物学家、化学家，还是哲学家，都认为智慧生命的出现，要具备大量的必不可少的外部条件，如一颗不冷不热的行星、拥有水和一切必需的有机物质、没有致命的辐射和撞击等。生命的种子在液态水中要经过几亿年的发展，才能进化成原始生命，地球上的生命从产生到掌握先进技术，延续了 36 亿年。

由于某些恒星的年龄达 200 亿年，而太阳系的年龄只有 45 亿年，因此，在宇宙中还可能存在着比人类文明长达数亿万年的高级文明。

科学家 2011 年在摩洛哥的沙漠中发现的一枚 21 亿年的火星陨石是一种新的类型，将其命名为"非洲西北 7034"（黑美人）。这块陨石曾经富含水分，含水量高达 6000ppm[①]，是一般火星陨石的 10 倍。

科学家 2012 年在美国加利福尼亚州地区收集到一些奇特的陨石碎片，发现了一些意想不到的成分：有机生命分子。这意味着坠落在加州地区的陨石是一个特殊的天体。研究人员从碎片上获得了关于生命起源的一些信息，甚至能解读出地球生命到底源于何处的谜团。位于木星和火星之间的小行星碎片带拥有无数颗微小天体，科学家认为其中某些陨石上可能携带了丰富的有机物质，包括一些在地球上发现的早期生命物质。科学家认为地球生命可能源自这些流浪在太空中的有机生命分子，由于这些天体上的温度极低，因此可以在一定程度上保存生命分子，当陨石或者彗星坠落在行星和卫星上时，如果遇到合适的环境就会演化出初级生命。研究人员试图模仿地球早期环境

---

① 1ppm=1mg/kg。

中的热液喷口条件，调查这些生命分子是否能在这类环境中存在并继续演化。调查结果表明，陨石中携带的有机材料进入天体表面环境中的可能性很大。

2014 年 NASA 科学家从南极找到一块重约 14kg 的火星陨石，利用扫描电子显微镜对该陨石内部进行观测，结果发现了曲折的细小孔道及富含碳元素的细微球体。这些细小孔道与地球上被微生物改造过的岩石非常相似。该火星陨石在结构与成分上的这些特征意味着这块火星石可能受生物影响而形成。陨石分析结果显示其形成于 13 亿年前的火星表面熔岩流，大约在 1200万年前，某一次撞击事件导致火星地壳破损，如果当时的火星上存在生物，那么就会以陨石的形式进入太空。许多进入太空的岩石在空间中逗留，直到大约 5 万年前，其终于坠落在地球的南极洲。

如果找到地外生命，那将是科学史上的最重大发现之一。地外生命探测将为生命起源的难题打开新的突破口，极大丰富对生命的基本认识，也将为生命起源于太阳系早期演化等重大科学问题提供新的科学论据。

行星系统的"宜居带"理论为探寻地外生命提供了新的启示。根据"宜居带"推测，现在天文学家在浩瀚的银河系中虽然发现了上千个"太阳系外的行星"，这些"太阳系外的行星"距离地球太遥远了，但是按照"行星宜居带"的概念，科学家们通过分析后猜想，最多只有 2～3 个"太阳系外的行星"可能比较接近"地球"的环境。

自 20 世纪 50 年代美国和前苏联发射月球探测卫星开始，人类开始了太阳系探测的征程。尽管探测的天体目标不同、采用探测手段各异，是否存在地外生命是众多行星探测任务要回答的基本科学问题，但寻找地外生命的主题贯穿了这一系列探测任务的始终，目标天体也覆盖了八大行星、矮行星、小行星和彗星等。地外生命探测将为生命起源的难题打开新的突破，极大丰富对于生命的基本认识，也将有助于回答地球生命起源与演化、太阳系早期化学特征与演化等重大科学问题。

木星和土星的天然卫星，包括"木卫二""土卫二"和"土卫六"等，在地外生命的研究中引起极大关注。"木卫二"上的盐水海洋环境被认为可能孕育生命，海洋中可能存在类似地球上的水热地质作用。"土卫二"的南极存在细粒冰晶的喷射，且喷射物含有对于生命非常关键的液态水、氨气和其他碳氢化合物等。"土卫六"是一颗冰封的星球，湖泊都是由甲烷和其他碳氢化合物组成，或许能够孕育出以甲烷为基础的无氧细胞。"星尘"号和"深度撞击"任务的探测结果证实，彗星所代表原始物质中含有大量的有机化合物，部分类型的氨基酸在碳质陨石和星际尘埃 IDP 颗粒相同，进一步支持了彗星与地球生命的起源之间存在联系的观点。

火星是太阳系中最可能存在生命的天体之一。近 20 年来火星轨道器和火星车巡视探测活动，已经基本揭示了火星过去和现在的环境特征，以及 40 亿年来水对火星表面形态的塑造及对表面环境形成的重要影响。然而适于生命存在和繁衍的环境不仅仅只是液态水，还需要支持生命新陈代谢的有机碳和能量来源。2014 年 12 月 16 日美国宣布，Curiosity 火星车检测到火星大气中含有极微量的甲烷，甲烷的浓度为十亿分之七。甲烷是最简单的碳氢化合物，由于地球上 90%～95%甲烷都是生物成因，火星大气中存在微量甲烷，特别是目前仍然存在甲烷生成的过程，又引起了火星生命的猜测。甲烷是一种不稳定的气体，通常仅能在大气中保存 300～400 年。大气中的微量甲烷暗示了火星上目前仍有活跃的甲烷生成过程。Curiosity 首次在钻取岩石过程中发现了有机物，不过，科学家表示，这些有机碳还未能确定身份。如果被证实是微生物活动所产生的有机碳，那将是爆炸性新闻——在火星上发现了生命。

火星生命探测历程已经展示出令人振奋的前景。最终要确证现在火星有生命活动或火星曾有过生命，可能需要通过火星采样返回的样品来发现与证实，或者在火星表面的沉积岩中直接发现火星的古生物化石。未来我国将在火星探测活动中，将瞄准太阳系探测中最具吸引力的科学问题，除了火星表面形貌、物质成分、大气组成等探测，还有必要增加有机物探测的科学载荷。

迄今为止科学家发现的六大宜居星球如下。

火星：是太阳系由内往外数的第四颗行星，澳大利亚国立大学的研究学者认为火星 3%的地区能够支持生命存在。

木卫二：是距离木星第二近的卫星，表面具有约 10km 厚冰层，且下面有大量液态水。

土卫二：大小只有月球的 1/6，其表面存在碳、氢、氮、氧等元素及液态水。

土卫六：距离地球 35 亿 km，是太阳系唯一拥有浓厚大气层的卫星，且拥有山脉、湖泊和河流。

开普勒-22b：位于距离地球 600 光年的一个恒星系统中，它是目前发现的最小及最适于表面存在液态水的行星，表面温度约 21℃，比地球更适于生物生存。

葛利斯 581（g、d、c、e）：葛利斯 581 是天秤座星群中的一颗红矮星，距地球 20.3 光年，质量为太阳的 1/3，共拥有六个行星。自科学家提出 581c 有可能适合生命生存以来，科学家又探测到 581e、581g、581d 上也存在液态水。

三、空间环境下的物质运动规律与生命活动规律是什么？

（一）空间环境下的物质运动规律是什么？

1.微重力流体物理

空间微重力或低重力环境下流体物质的热、质输运过程具有与地面环境中不同的特殊规律和特殊现象，是微重力流体物理的主要研究内容。微重力环境下的流体物理主要涉及空间流体管理与热管理，空间材料科学、空间生保系统与生物技术，以及空间燃烧科学中的相关基本过程。微重力流体同时也涉及地基工业中界面流体和复杂流体系统相关的诸多应用领域，如液滴（气泡）热毛细迁移、多孔介质的渗流及热毛细对流等过程在化工、石油开采、材料加工等过程中均起着重要的作用。

探知极端物理条件下的流体物理基本理论和解决人类太空生存环境及月球（火星）等深空探索活动中的微（弱）重力等极端环境下的相关流体问题，是掌握和了解空间微重力环境下流体物质运动特殊规律的主要科学目标，即以研究天基和地基环境中的流体运动规律及液—气、液—固和气—固界面过程为主要内容，为人类长期空间探索活动和相关地基科学研究及生活的进步提供理论、技术和工艺基础依据。例如，认识空间微重力条件下的相变传热与多相流动特殊规律可以有效保证空间热机设备、空间流体管理与生命保障系统在轨可靠运行，同时也为相应的应用系统开发提供重要的设计基础。美国 NRC 于 2011 年最新发布的"夺回空间探索的未来——新时代的生命和物理科学研究"（Recapturing a Future for Space Exploration: Life and Physical Sciences Research for a New Era）咨询报告中，将"微（弱）重力下的多相流、流体管理和传热"作为空间流体物理优先建议研究的首要研究方向，其计划一直延续到 2020 年以后，并指出目前该方向上的研究"非常有限、几乎只有定性结果、导致工程设计依据匮乏"。近期 NASA 又将空间两相系统与传热研究作为 ISS"空间物理科学应用研究"的主要内容之一。

　　空间应用两相系统至今仍有诸多有待深入研究的基础科学问题。例如，空间蒸发与冷凝相变过程是相变传热的重要基础，对其进行深入的研究能够促进微重力相变换热技术研发，探索空间强化换热机质，同时还有助于有效地解决国内外相变换热系统中一直尚未解决的关键问题，对于提高换热效率、系统轻量化等均有着不可估量的作用，更适合航天应用。蒸发与冷凝相变液体的动力学在基础研究和工程应用领域都有重要价值，但是该方向仍然是一个有待了解的领域，国际上的相关研究也相对较少。在理论研究方面，传统的热动力学平衡关系关于沿液体-蒸汽界面达到的饱和蒸汽压和平衡温度是处处不变的假设，已经不能解释实验观察到的系统蒸发对流不稳定现象（Marangoni-Benard 不稳定性、Vapor Recoil 效应等）。在汽-液界面处发生蒸发相变的时候，界面处有可能不能维持原来的热力学平衡状态，而应该是出于热力学非平衡状态，此时，蒸发液体表面的状态（当地温度、压力分布及界面形态等）与流体对流过程始终耦合在一起。在流体体系中的表面（或界面）动力学过程成为主导行为的微重力环境中的流体体系中，这一现象更为突出。

　　再如，空间微重力环境下凝结换热一直是人们十分关心的问题，近年来更是受到了学术界的重视。空间冷凝过程中存在着的气液界面不稳定的现象，如何对其进行观察和分析一直是人们研究的重点。尽管关于冷凝过程界面现象的研究已经揭示了关于冷凝液膜的传热和稳定性的一些规律，但对于冷凝过程界面的研究仍主要集中在常重力条件下的研究，对于空间冷凝过程中的界面非平衡、非稳态现象的实验研究仍然相对较少。针对空间冷凝强化传热的深层机理研究仍然需要继续深入。空间冷凝具有微重力的特点，其冷凝强化机理不同于常重力下的冷凝传热强化。在微重力条件下，冷凝形态和流体流态对传热效果的影响更为突出。由于对空间冷凝而言，许多现象如流体的流场分布等仍然未能十分详细的观察和描述，也就更谈不到如何定量分析其如何影响传热效果。所以，对冷凝传热机理仍然有待于进一步的研究讨论，在对冷凝过程流体行为研究的基础上，丰富强化传热的技术手段，并对其强化机理进行更深入的探讨。

　　此外，空间在轨流体管理与控制也涉及诸多微重力流体物理与动力学特性的基础理论研究问题。航天器在近地轨道运行中处于微重力或低重力状态，微重力环境中浮力、重力分层和沉淀作用基本消失，静压梯度极大地减弱，使许多在地面被地球重力效应所掩盖的次级效应变成了主要过程因素，控制了微重力环境中物质运动规律，使许多流体物理方面的新现象、新问题显现出来。在近地轨道运行的卫星、飞船和空间站等航天器长期处于微重力这一极端物理条件下，界面现象及表面张力变得非常重要，为保障与流体表面、界面过程相关的航天工程设施正常运行和安全工作，需要认识了解空间环境下流体流动的特殊规律，如液体推进剂大尺寸流动，空间流体储存与输运、固/液或液/气界面形貌与保持、液-固润湿特性等都是微重力流体力学的重要基础研究问题。对此类空间在轨流体管理中的关键科学问题进行深入研究，可以加深人们对微重力或空间变重力条件下流体运动基本规律的认知，提出有益于发展先进空间流体管理的新理论、新模型和新方法，并获得有科学价值的理论结果和指导先进空间流体管理技术方案的优化。

再如，与化工、胶体等过程密切相关的复杂流体在微重力环境中也具有特殊的物理现象（如无沉淀和密度分层）。复杂流体的研究是一门跨越力学、物理、化学和生物等学科的交叉学科，如液晶、聚合物、胶体、泡沫、颗粒物质、血液、细胞液等是常见的、影响广泛的物质形态。由于其丰富的应用背景和重要的理论价值，近年来已成为国内外研究的热门课题。地面上沉降、对流、分层和静压力等重力引起的效应常会掩盖复杂流体自身的行为特征，在微重力条件下才可以避免重力的干扰，更清楚地认识复杂流体的本质规律。目前，国际上复杂流体的微重力研究，所针对的体系主要有胶体、颗粒物质、泡沫等，其中，胶体的相变和聚集行为的空间微重力研究内容尤为丰富。NASA 对胶体有序相变的空间微重力研究的支持从未间断，哈佛大学和普林斯顿大学研究人员提出的 EXPRESS Physics of Colloids in Space 项目的空间微重力实验，对胶体晶体形成和生长进行了相关的研究。BCAT（Binary Colloidal Alloy Tests）系列项目，1997 年至今，从 BCAT-1 到 BCAT-6，针对与胶体相变有关的二维合金、临界点、分散性、三维融化、相分离、晶种生长等诸多科学问题进行了空间微重力实验（包括仍在计划中的实验），且这些项目的实验大部分都是在 ISS 中进行的。相关的空间微重力研究也获得了一系列重要的成果，已在 *Nature* 和 *Science* 等重要国际刊物上发表多篇文章。ESA 曾在探空火箭的微重力条件下研究了胶体粒子的聚集过程，2010 年 ESA 在 ISS 中完成了与聚集行为相关的 SODI-COLLOID 空间微重力实验。JAXA 也将在 ISS 针对胶体晶体结构和胶体粒子相互作用开展研究。

近年来，ISS 的在轨运行促进了空间微重力流体物质运动基本规律的认识和研究，同时，国际上也开始对具有工程流体技术应用背景的复杂流体界面现象的流体过程及其重力的影响加强了研究，以期为以后的人类空间生存（太空舱、空间站、月球站等）的环境控制（蒸发与冷凝）和热机械装置（热管、沸腾传热等）的开发和工程设计提供理论依据。与大尺度地面流体系统不同的是，在重力减弱的微重力环境中或重力效应相对减弱（如小尺度液层和小液滴）的流体体系中，自由表面或交界面流体现象成为影响流体热、质输运过程的主要因素。空间应用两相系统（多相流动与传热）研究是当今国际空间微重力流体物质运动规律的热点研究内容之一，是与载人航天和空间探索活动相关应用与应用基础研究的重要研究内容，欧美在 ISS 未来（至 2020 年）研究规划中安排了系列相关的空间实验项目。

综上所述，目前国际上普遍公认的有关微重力流体物质运动规律的主要研究课题内容如下。

（1）毛细效应和界面过程

界面现象是微重力流体物理的重要研究领域，也是空间流体输运、管理的基础。在流体运动过程中，流体的界面及运动液体与固、气交界面上比较容易出现奇异性，使力学模型的理论分析研究遇到困难，空间微重力环境为毛细和界面现象及规律的研究创造了条件。主要科学问题包括：①毛细效应及界面动力学；②润湿与延展动力学；③先进的空间流体管理技术；④动态接触角和接触线动力学；⑤多孔介质中的流体输运特性；⑥液体射流的形态和稳定性等。

（2）微重力流体动力学

热毛细（Marangoni）对流与浓度扩散是微重力环境中流体界面流动和界面扩散的主要形式之一，其基本流动与扩散特征及不稳定性是微重力流体物理的重要基础研究内容。主要科学问题包括：①流体热毛细动力学不稳定性；②气泡、液滴热毛细迁移动力学；③扩散输运过程及扩散系数测量；④G 跳和热-振动流体动力学。

（3）两相流、相变传热及其应用研究

微重力环境中，气—液两相介质的相分布特征简化，而相变（蒸发与冷凝）界面效应相对突出，需要对其空间环境中的两相流动与相变传热特殊规律开展研究。同时，微重力也为两相系统流动机理及相变过程本质特征的理论研究提供了极好的机遇。相关研究是空间探索和支持人类空间生存所需的空间应用两相系统关键技术与众多地面技术研发的重要应用基础。主要科学问题包括：①空间蒸发、冷凝过程与换热强化机理；②空间沸腾换热与强化机理；③两相流动与回路系统动力学特征；④两相流体流动特征（含电化学反应两相流、低温推进剂、水－气分离等）与在轨控制和高效输运；⑤空间低重力与变重力下两相系统动力学特征。

（4）复杂流体

国际上复杂流体的微重力研究发展极其迅速、研究范围不断扩大。目前涉及的内容包括分散体系聚集过程、胶体相变（包括胶体晶体和液晶等）、等离子体尘粒晶体、电/磁流变流体、颗粒物质、泡沫、乳状液、气溶胶、石油组分热扩散特性等。主要科学问题包括：①结合与聚集行为；②胶体相变规律；③电、磁流体特征与流变行为；④颗粒物质动力学；⑤乳状液系统分层与稳定性等。

2.空间材料科学

空间材料科学研究在微重力、强辐射、高真空等空间环境因素影响下，材料的结构、特性、制备以及物理、化学性质及使役功能的特殊规律。在地面上，材料的结构和性能变化及制备过程的规律，以及材料物理和化学性能的变化均受到重力产生的浮力对流或密度差引起的沉降、坩埚支撑的器壁和静水压力等效应的影响。对流或沉降作为内部因素直接影响材料的形成过程及其性能，而坩埚壁或器壁的污染或作为凝固过程的异质形核位置是作为外部因素来影响材料的形成过程和质量的。空间微重力环境能够抑制或消除这种浮力对应或密度差引起的沉降；液体或熔体可以不需要容器的支撑而悬浮在空间而实现无容器加工，这样不受容器壁的污染或者不需要寻找合适的坩埚材料来盛放高温熔体。这些对理解材料形成的物理和化学过程及制备高质量或高纯的晶体和材料都是非常重要的。空间这种独特的微重力环境是地面无法完全模拟的。空间环境还可以实现超大体积和长时间的超高真空环境（由于 10^{-10} Pa 的真空），该环境与微重力环境的结合可实现超纯材料（如半导体多层异质结构薄膜材料）的形成与制备研究。

（1）晶体生长与凝固过程

①化合物单晶中扩散生长与正化学配比。化合物性半导体及光电子单晶体的组分化学配比控制直接关系这些晶体的磁、电或光学等性能的一致性控制，研究表明对流对生长着的晶体正化学配比形成并不总是负面效应，其与晶体的生长方式及固液界面前沿液相中的流动方式等有关。

②非接触法晶体生长中的对流控制与生长界面的稳定性。该方法是生长着的晶体与坩埚或安瓿不接触，而是通过液体的弯曲液面将三相线连接到坩埚壁，这涉及表面张力及其对流方式控制、润湿与生长速度的控制及其与生长晶体的界面稳定性关系。

③晶体生长或凝固过程中的杂质、气泡等缺陷的包裹与逸出。原子或分子型的杂质元素在生长界面处的分凝与扩散、对流生长速度、温度场的耦合效应；集团式的杂质或相、微气泡在晶体特别是凝固组织中的分布与生长界面的移动速度、杂质和气泡的聚集方式、对流效应等都有直接关系，对流既能使这类缺陷产生聚集效应，也能使这类缺陷产生破碎或分离效应。如何控制生长速度、温度场及对流方式直接关系这些缺陷在生长晶体或凝固组织中的分布和排出。

④外场作用方式对晶体生长或凝固过程中的液相输运与界面形态稳定性。磁场等外场既可以对液体或熔体中的流动产生作用，也会对原子或分子的输运过程产生作用，前者主要表现为对液体的黏滞性影响，后者主要表现为原子或分子在电磁场中的运动方式，这些也都影响生长界面处的分凝或分配系数，从而影响所形成晶体组分的化学配比。

⑤生长界面失稳与生长形态演化的热力学和动力学条件。地面对流的存在，使得人们对金属合金定向凝固过程中平界面到柱状晶、柱状晶到等轴晶等形态的演化过程的理解复杂化。例如，共晶生长的退化条件，生长界面前沿的局部过冷，这样的动力学条件发生失稳向柱状或枝状晶转变。然而，至于热力学条件对周期性形态的形成是如何起作用的，则需要在无对流的条件下进行观察；对流对熔体中枝晶臂的碎化与等轴晶的形成与碎块的运动是如何起作用的，也需要通过控制对流来研究。

⑥薄膜材料的结构完善性。晶态薄膜材料的结构完善性与其性能密切相关，如理论计算超纯和结构完善的多层抑制结构 GaAs 化合物半导体薄膜其光电转换效率可达 60%以上，而目前地面能达到的最高转换效率约为40%。在地面，一方面重力对气相外延生长过程有影响，但具体影响方式还不清楚；另一方面高质量薄膜材料的获得既可以服务于地面基础研究，也可以获得重要应用。

（2）过冷与非平衡相变

①不同过冷度熔体的相选择机制与过冷熔体的结构弛豫的关联。快速冷却和慢速冷却都可以实现熔体的过冷，但慢速冷却过程也包含了液体的结构弛豫过程，无容器能够消除坩埚壁效应而实现熔体的慢速冷却过冷。在无容器与熔体中的对流受到抑制的条件下，可以研究熔体的结构弛豫对深过冷熔体的相选择机制。

②对流对过冷度的影响机制。熔体的过冷度既是熔体或液体的热力

学属性，也受外部的动力学条件影响。是否存在热力学上的过冷极限，即使实验上难以直接达到，研究表明可以采用无容器慢冷的方式来控制动力学效应，但这还需要将对流对熔体结构的影响这一因素消除后加以研究。

③不同玻璃形成能力和熔体的过冷能力的热力学与动力学效应机理。不同玻璃形成能力的体系在过冷态的结构变化和弛豫特性存在什么样的差异？这是玻璃转变问题研究所关心的核心问题之一。无容器慢冷和对流的抑制为研究不同玻璃形成体系的过冷能力以理解玻璃形成能力提供了可能性。

④深过冷形成化合物的熔体中强制有序结构的形成热力学与动力学。亚稳相选择与熔体的过冷方式与能获得的过冷度是相关联的。然而，并不清楚这种结构和化学的强制有序化与过冷的动力学度关联性。需要控制熔体过冷和结构弛豫来对这一问题开展研究。

（3）相分离、聚集行为及普适性

①复合胶体晶体中超点阵结构形成与选择性占位。一般认为，不带电的胶体球在形成胶体晶体时的自组装是熵效应导致的，这实际上是一个抽象化的简单解释。然而，用熵效应来解释复合胶体晶体的形成过程中不同尺寸颗粒选择性占位是难以理解其真实物理过程的，因为颗粒之间的选择与排斥效应并存。

②相分离体系溶质热毛细运动、界面能对液滴的长大和聚集的作用。偏晶合金类体系在偏晶温度以上存在一个液相分离的区域，随着温度的下降在该区分离出的占比例较小的液相会发生长大和粗化效应，溶质热毛细运动和界面能对液滴的长大和聚集的作用机制是不一样的，目前尚未理解该作用规律及其与冷却速度的关系。

（4）材料加工过程中热（能）与质的输运控制

①燃烧合成材料中的亚稳微观组织结构形成机理。燃烧合成材料中的微结构形成涉及多个阶段，包括反应混合物的熔化、熔体的铺展、熔融液滴的粗化、扩散混合对流、固体颗粒的沉降，到最后的液体产物的凝固。特别是液体产物中不同类型（如重力、表面张力）的对流是如何影响最终的微观组织形成的，燃烧波速度稳定性控制与微观组织结构形成的关联都是未解之谜。

②微重力下熔融矿物体系中反应生长气体的聚集与分离。这是在地外资

源原位开发利用中必须研究解决的。

（5）高温熔体热物理性质

①熔体中扩散系数与温度的关系。准确、规律地认识熔体中组元或互扩散规律不仅需要控制对流，也需要对不同组织形成体系进行广泛研究，包括不同溶度的组元与温度的关系。

②熔体中组元扩散方式：是以单个原子/分子或集团式的扩散，集团扩散的集团尺寸、组元之间的耦合或协同方式及其与温度的关系不仅需要控制对流，也需要发展有效的实验和理论的表征方式。

③熔体界面能，与液相分离及聚集、熔体中微观流动方式问题直接相关。这也是晶体生长与凝固理论中的一个重要物理量，传统上来说由于存在直接测量上的困难而采用理论分析计算获得，实际上准确度和误差也是难以评价的。

④熔体的黏度、表面张力和比热等性质与温度的关系。熔体的黏度、表面张力、比热和比容等性质与温度的关系，不仅是材料科学模拟计算建模、材料设计、相变理论研究等必需的，也是材料加工和精密成型等应用模拟和计算所必需的。无容器技术不仅可以容易测量研究熔点温度以上的这些热物性，更可以在抑制异质形核等条件下测量和研究过冷熔体的热物性，这对发展从深过冷熔体转变为固体的非平衡相变理论具有重要的科学价值。

3. 微重力燃烧

重力对燃烧过程和其热质输运基本规律的影响是显而易见的，它能引起颗粒或液滴的沉降，同时也导致浮力运动。浮力的出现又掩盖了一些固有而微弱的燃烧现象。燃烧过程所固有的高温放热特性，必然伴随着大的温度梯度，导致大的密度变化，在重力作用下，密度的变化引起浮力自然对流。因此，正常重力条件下已很难对燃烧现象获得更为深入的认识。微重力提供了一种减轻浮力、抑制颗粒或液滴沉降的环境。重力的消除或减弱，极大地简化了燃烧过程的控制机理，在没有浮力效应的情况下，一些微弱的效应，如扩散、辐射和热泳效应等会控制整个燃烧过程，同时改变燃烧的进程。这无疑为检验经典燃烧理论，揭示燃烧过程中的物理实质开辟了一条真正有效的途径。另外，从火灾安全的角度看，人类还没有建立起真正意义上的微重力或低重力环境下的材料燃烧特性数据库，这为载人飞船设计中材料的筛选带来了困难。因此，加深对微重力或低重力环境下燃烧特殊规律和基本现象的认识和研究，对于提高空间在轨预防火灾和灭火工程的能力至关重要。下面仅就三个不同的科学问题对重力条件影响燃烧基本过程和规律及其蕴含的科学研究价值进行阐述。

（1）湍流燃烧机理

大多数实际燃烧反应系统内发生的过程为湍流流动和燃烧过程，因此湍流燃烧一直是燃烧科学中最为重要的问题。但与层流火焰相比，对微重力条件下湍流火焰的研究工作还很少，也缺乏系统性。微重力实验能够解决一些长期困扰湍流燃烧实验研究工作的困难，提供可靠的观测数据，检验和发展基础燃烧理论。已经凝练出的科学问题包括湍流火焰的熄灭机理、湍流扩散火焰的瞬态响应特性和微重力下湍流扩散火焰特性等。

①湍流火焰的熄灭机理。一方面，对湍流火焰的熄灭特性和熄灭极限条件的认识直接关系燃烧设备的设计；另一方面，湍流火焰的熄灭是化学反应、流动和传热传质等过程相互作用的结果，熄灭极限反映了这种相互作用的一个极限状态，该问题的研究对发展燃烧理论、检验湍流燃烧模型十分重要。目前，人们对湍流火焰熄灭的控制机制的理解远不完善，其中一个重要原因是可靠、准确的实验数据很少。要对理论模型进行实验检验，特别是要了解处于熄灭极限条件附近的火焰结构时，人们十分希望利用微弱火焰开展研究，以降低达到熄灭条件对流场中湍流强度的要求。然而，这样就产生了另一个实际问题：浮力引起的自然对流可能改变火焰锋面的形状、影响火焰内部的传质传热过程、导致燃烧的不稳定甚至火焰的熄灭和点火的不可能性。为了克服浮力的影响，湍流火焰熄灭特性的研究非常有必要在微重力条件下进行。

②湍流扩散火焰的瞬态响应特性。精确地考虑湍流扩散火焰需要详细地组分输运和化学动力学模型，对于复杂的瞬态流动环境来说，这是目前的计算能力不能承受的。因此，从 20 世纪 70 年代以来，层流小火焰概念发展起来，该方法将火焰结构的计算与湍流特性的计算相互分离，大大增加了模拟实际湍流火焰的可行性。对于大部分的预混火焰，其特征长度和时间尺度小于湍流的最小特征长度和时间尺度（Kolmogorov 尺度），因而层流小火焰方法是合理的，火焰结构具有准定常特性，可以很好地通过建立小火焰数据库（不同拉伸率条件下的定常火焰结构）来描述。但是，对于扩散火焰，情况有很大不同，由于许多实际火焰的特征长度和时间尺度大于湍流的最小特征长度和时间尺度，除了拉伸的影响，火焰/湍流相互作用引起的时间和空间不规则变化也将对火焰结构产生影响。为了评估小火焰数据库对计算湍流扩散火焰特性的有效性，必须对这些影响予以考虑，此时，通过微重力条件下的

实验排除浮力流动干扰，进而获得准确的观测数据显得十分重要。可开展的实验研究内容包括火焰对扰动（拉伸率、环境组分和温度等的变化）的动态响应、火焰/漩涡相互作用等。

③微重力条件下湍流扩散火焰特性。由于浮力的影响，地面实验中得到的数据很难用于检验理论模型对扩散火焰基本特性的预测，这构成了开展湍流扩散火焰微重力实验的基本动机之一。例如，近年来，三维直接数值模拟（Direct Numerical Simulation，DNS）方法得到了长足发展，已成为对燃烧现象与湍流的相互作用进行研究的有力工具，但是目前计算机能力的限制决定了此类大规模数值计算还只能针对低速流动（长度和时间尺度范围较小的低 Reynolds 数湍流），在地面常重力环境中浮力的作用却使得这种条件不能复现，因此理论模型和实验不能相互一致，严重阻碍了两方面研究的进展。计算机的能力在不断进步，但在可预见的未来，即使是最乐观的估计也无法胜任对地面湍流燃烧实验条件的模拟。显然，微重力实验提供了最有希望的途径，可以解决实验条件与理论预测之间的分裂，为更好地理解湍流扩散火焰作出直接的重要贡献。沿着这样的思路，可对低速的湍流射流扩散火焰的结构、温度和辐射场进行测量，并用于检验和发展火焰结构模型。

（2）煤燃烧和传热过程及相关机理的基础研究

①煤燃烧的本征过程。各类燃烧设备的设计、改造和运行与表征煤燃烧过程物理化学变化规律的煤燃烧特性密切相关。煤的燃烧特性很大部分是煤的本征特性，与重力及浮力无关，然而现有的相关实验数据基本都在地面正常重力条件下获得，在许多情况下受到重力与浮力的严重干扰。这些干扰可能掩盖煤燃烧的本质规律，造成燃烧试验的困难及数据测量的偏差，阻碍人们对煤燃烧过程物理化学规律的准确认识。微重力提供了开展煤燃烧本征过程和特性研究的理想条件，通过研究可以掌握浮力作用大小和地面煤燃烧实验的适用范围，校核地面反应动力学等参数的测定方法，为今后更为准确地设计燃烧设备、模拟煤燃烧过程和控制燃煤引起的污染提供基础数据。

②流化状态下煤燃烧和传热过程。流化床锅炉和循环流化床锅炉是煤粉锅炉以外又一种重要的煤炭燃烧设备，尤其是循环流化床锅炉，近年来在我国及世界范围内得到迅速发展。与煤粉锅炉不同，循环流化床锅炉中煤颗粒与床料一起处于流态化的状态，煤粒的原始粒径也较煤粉大很多。对循环流化床锅炉中煤燃烧特性的研究在实验室内得到大量开展，同时也有少量工业

测试。但地面研究遇到最大的一个问题是对煤颗粒燃烧当地的气固浓度的测量。由于地面气固流态化的固有特性，颗粒在床内不论是轴向还是横向都存在不均匀的结构分布，而准确地测量当地的气固浓度（或称空隙率）是当今世界上仍然没有很好解决的问题，也就是说没有办法准确描述煤颗粒在燃烧过程中所处的气固环境。根据不同试验台和试验条件得到的燃烧数据非常分散，缺乏可信度。地面实验中的这一困难在微重力环境中可以得到圆满解决：随着煤粉重力沉降的消除，在固定的容积内可以非常有效和准确地得到一个均匀气固流场，为研究气固环境下的煤燃烧提供了非常理想的试验条件，进而可以为发展准确的模拟方法，为更为准确地设计燃烧设备、模拟煤燃烧过程和控制燃煤引起的污染提供基础数据。

（3）载人航天器设计和运行中的防火安全问题

载人航天器防火安全包括火灾预防、探测和抑制。研究将综合开展实验研究（包括地面实验和微重力实验）、理论研究和数值模拟。

①火灾预防。为了最大限度地预防航天器火灾的发生，首先需要掌握所使用材料在特定环境条件下的防火特性，建立材料选用和使用规范，根据其燃烧特性制定相应的火灾预防办法。因此，理解航天材料的着火、燃烧及火灾演变规律是防火安全的基础。该部分主要目的在于改善航天器使用材料的甄别和筛选过程，包括材料选用、降低材料可燃性技术、点火源监控和控制手段，并可以提供可燃材料持续和扩大已有火势能力的更为科学的描述。火灾预防研究应该包含当前已知空间环境氛围条件、航天器舱内氛围条件和未来空间任务中航天器表面活动区域所对应的新的环境氛围条件。因此，为认识当前材料筛选测试方法的局限性，需要从更为基础的角度研究微重力条件下的热解和燃烧等过程，同时以此为根据建立和改进测试方法。另外，更好地利用常重力条件下材料筛选测试的结果来预测微重力和低重力下材料的相关防火性能，迫切需要新的实验和理论方法。

②火灾探测。火灾越早被探测到，则其造成的损失就越小，同时火灾探测器的误报应该减至最低程度。因此，从设计和研发的角度来看，通过基础研究，确定探测何种燃烧生成物质和采集足够量的该生成物对于火灾探测器十分必要。早期研究发现，在微重力条件下火焰产生的烟颗粒比常重力条件下的要大，而最近的空间实验发现，固体材料热解过程所产生的烟颗粒尺寸要比地球上的小；由于航天器中主要涉及电绝缘材料过热而产生的热解过程，且热解产物积累预示着危险的火情，因此火灾探测器应该覆盖燃烧和热解产物的所有尺寸。此外，还需要理解燃烧产物从火焰向探测器的传输过

程。概括起来，火灾探测的关键性问题包括以下几点：对于未来更迅速和可靠的探测器，应该探测什么样的燃烧产物？如果燃烧产物被确定，多大量的产物能够表示微重力环境下发生了火灾？燃烧产物的输运过程和探测器的响应过程之间怎样匹配？探测器信号如何与灭火程序联动？

③火灾抑制。常规条件下，航天器舱内火灾可使用灭火器来进行抑制；另外，有两种特殊的火灾抑制办法分别是切断通风系统和降低航天器舱内压力。针对这些措施，迫切需要开展深入研究的关键科学问题包括：微重力条件下灭火剂、火焰和固体表面三者之间的相互作用过程和机理；适用于不同类型火灾燃烧的灭火剂、灭火过程及其有效性；灭火剂、火灾抑制措施对航天员、航天器等的要求、影响及应对措施；航天器使用材料的筛选与火灾抑制措施的设置之间的系统匹配。

（4）微重力燃烧科学进展

近年来，国际上微重力燃烧科学进展主要以 ISS 取得的科研成果为代表，研究课题涵盖燃烧科学的主要领域，并涉及航天器防火安全和燃烧基础规律两个方面的问题。综合起来，主要前沿问题如下。

①近可燃极限液体燃料和固体材料燃烧规律。微重力为研究近极限微弱燃烧现象提供了必要的实验条件，在以往微重力实验对气体微弱火焰的研究取得显著成果的基础上，近可燃极限液体和固体燃烧规律受到关注，实验研究的问题包括可燃极限、火焰熄灭过程及其影响因素等。这项研究对于扩展科学认知、发展和完善燃烧模型的作用显而易见。

②扩散火焰炭烟机理。燃料燃烧中炭烟的产生过程和机理是近年来燃烧科学的热点问题之一，利用微重力火焰的特殊形状和结构开展炭黑实验在基础研究层面具有很强的吸引力。微重力实验研究的内容包括层流扩散火焰的烟点、炭烟火焰的结构、炭烟颗粒的粒径分布、燃料和燃烧条件对炭烟特性的影响等。

③燃烧反应动力学和燃烧模型。利用微重力燃烧实验的独特数据，检验、改进和发展燃烧动力学模型、燃烧理论和数值模拟模型也许算得上微重力燃烧研究的"终极"目标，目前这方面的研究内容包含在几乎所有的微重力燃烧研究项目中，既是对实验结果的深入分析和总结，也提供了研究成果在地面和空间实际应用的重要途径。

④航天器火灾预防、探测和灭火的基础问题。在火灾预防方面，重点提高对微重力环境中材料燃烧、火焰熄灭过程和特性的认识，以检验和修正航天材料可燃性的地面测试方法及预测模型；在火灾探测方面，准确测量燃烧

的烟雾产物特征，为评估现有火灾探测器、设计新一代探测器提供基础；在灭火措施方面，定量研究不同气体灭火剂的效能，了解灭火过程和机理，为灭火剂选择和灭火系统设计提供指导。

（二）空间环境下的生命活动规律是什么？

空间环境（特别是微重力、辐射、磁变等）是对人类健康、安全和工作能力具有严重影响的环境因素；空间飞行可导致航天员出现心血管系统功能失调、骨代谢障碍、肌肉萎缩、立位耐力下降、水盐代谢紊乱、免疫功能下降、感觉与躯体运动协调功能的紊乱及空间运动病发生乃至 DNA 损伤等多种生理、病理现象；同时空间飞行过程中孤独感、工作/休息周期变化等一系列应激因素等也均已成为空间飞行中严重影响航天员身体健康和工作效率的重要航天医学问题。

地球磁层、大气层屏蔽了来自宇宙的高能粒子辐射，但在空间，屏蔽减弱甚至消失，人和其他生命体在空间不可避免地遭受空间辐射，其潜在危害有：杀死细胞、损伤组织、削弱免疫系统、引起突变，以及其他在近期和远期的效应。空间辐射会导致肿瘤、白内障、中枢神经系统损伤或其他失调。空间辐射因此成为人类长期空间探索、居留的最重要限制性因素之一。

地球的生命现象都是在地球重力场和地球磁场的影响下发展起来的，这两种物理场是地球上的生物和人类千万年来所处的环境。在远地轨道，在月球和火星，地球引力和地磁的影响可减弱或消除。月球的重力场是地球的 1/6，磁场强度不及地球磁场的 1/1000。火星重力大约相当于地球重力 1/3。改变这些重要的环境因素，减弱或撤销重力和磁场的影响，将观察到人和各种生物的生命过程的更多的、前所未见的表现，将有助于深入了解生命过程。

从微观（分子、亚细胞、细胞）和宏观（组织、器官和个体）不同水平上，人和动物、植物、微生物，特别是模式实验生物（如真核和原核生物）及有重大经济价值的生物会在其生长、分化、发育和繁殖，生理代谢、运动和行为、遗传和变异等诸多方面对空间环境因子作用产生响应和适应，即空间生物学效应。因此，利用这些生物学效应可以改造生物及发展新的生物技术，服务于地面经济的持续发展，改进和提高人类食物质量和健康水平。

空间生命科学与生物技术包括几个研究方向：空间重力生物学、空间辐射生物学、空间生态生命支持系统、空间生物力学与工程、空间生物技术和空间生命科学与生物技术前沿探索（表 5-1）。

表 5-1　空间生命科学各研究方向研究重点

研究方向	分支方向	重点研究的科学问题
空间重力生物学	动物重力生物学	着重研究动物体在空间环境下细胞响应、组织发生乃至个体形成等过程，目前主要集中在空间微重力环境下骨质流失、免疫异常和发育改变等方面
	植物重力生物学	重点研究植物向重性和植物微重力效应
	微生物及水生生物重力生物学	研究重点为微生物及水生生物对重力的感受和反应所涉及的机理，以单细胞藻类、多细胞群体固着藻类、无脊椎动物、水生脊椎动物等为主要的研究模型
空间辐射生物学	动物辐射生物学	重点研究高能重粒子辐射对动物机体的生物学效应，包括辐射对眼睛的影响、辐射对神经系统的影响、辐射导致的心脑血管疾病、辐射对机体免疫力的影响、辐射的生殖毒性影响、辐射对小肠的影响和辐射对肺的影响
	植物辐射生物学	重点研究空间高传能线密度（LET）、低剂量长期暴露对植物生长发育、遗传稳定的影响及其与其他空间环境因子之间的复合作用
	微生物辐射生物学	着重研究空间辐射对微生物影响的规律和机制
空间生态生命支持系统	单元系统	重点对 CELSS 的各个单元系统进行充分研究，完成封闭系统不同生物单元的构建，在受控培养环境及空间环境下分别研究植物、藻类、微生物等生物个体，以及种群的生长、发育、碳氮代谢等生物学效应及其运行规律，筛选适宜的空间 CELSS 培养材料，充分提高空间及受控培养环境下 CELSS 光合生物的生产力及微生物的生物再生能力
	多元系统	着重研究形成一个多元的由植物、动物和微生物组成的封闭生态系统，实现供给食物、氧气，处理废物和二氧化碳等生命支持的功能
空间生物力学与工程	动物生物力学与工程	主要从空间微重力环境下免疫系统细胞与组织、骨骼肌系统细胞与组织、组织发生/发育、生物大分子组装与相互作用的生物力学规律研究等方面进行研究
	植物生物力学与工程	研究重点已经由传统的利用空间条件进行育种、观察染色体变化的实验阶段发展到植物生长与人类空间生存一体化研究阶段
	细胞与组织生物力学实验平台	重点研究力学-生物学耦合，如"生物分子的化学与物理过程"和"细胞的生物物理与化学过程"
空间生物技术	空间细胞/组织培养	着重研究利用回转器模拟微重力效应进行细胞培养与三维组织构建，以及利用空间飞行器搭载细胞培养与三维组织构建
	空间干细胞、发育与生殖	研究主要集中在微重力环境对干细胞增殖、分化的影响，微重力环境对雄性生殖能力的影响，空间微重力环境对雌性生殖能力的影响和空间微重力环境对早期胚胎发育的影响
	空间蛋白质科学与工程	重点开展空间蛋白质结晶与晶体生长、蛋白质高质量晶体、空间蛋白质晶体生长机理研究，药用蛋白质样品的结晶纯化、制药前景蛋白质的晶体生长及其结构与功能研究，重大生物学意义蛋白结晶、实验硬件及检测技术、重要蛋白质结构与功能研究，药物前体蛋白及其复合物的空间结晶研究、ISS 平台实验硬件及检测技术研制、重要蛋白质结构与功能研究，有应用背景蛋白、空间蛋白质分离纯化技术及影响机理研究
空间生命科学与生物技术前沿探索	空间亚磁生物学领域	着重研究亚磁环境对动物的影响和亚磁环境对植物、微生物的影响
	空间合成生物学	重点研究地外生命探索、类地行星的改造和空间维生系统的建立

空间生命科学实验平台与相关技术，包括空间通用实验平台与技术和空间专用实验平台与技术。根据空间生命科学与生物技术领域的研究现状及发展前沿对空间实验设备的迫切需求，生命科学实验平台以分子、细胞、组织、个体及群体等不同层次的生物样品为研究对象，在功能上由生物实验系统、原位检测系统、动态分析系统、生命支持与环境调控系统、样品存储箱和专用实验装置等不同的部分组成，具有生命支持与环境条件保障、生物样品连续动态培养与采样存储、实验过程监测与生物样品精细观察、实验结果现场检测与动态分析和专项生命科学实验等多种先进的全自动化实验功能，高密度集成应用高分辨率精细成像观察（包括显微成像、激光共焦成像）、荧光标记成像、定量荧光聚合酶链式反应（Polymerase Chain Reaction，PCR）、分光光度检测等多项高精度分析检测关键技术，通过功能扩展、资源共享和系统集成构成完整的空间站标准机柜架构，具备空间实验全自动操作、遥操作和航天员参与操作等多种工作模式，能够重点为生命科学研究涉及的诸多领域提供空间实验和研究的实验环境和条件保障。通过分析历次空间站科学实验数据（"远征" 1-22 任务，Expedition 1-22），人体研究与微重力生物学在空间站实验中所占比重最高（图 5-6），该结论与《NASA ISS 计划（2006）》报告中将人类生物医学研究作为最高优先级研究领域的目标是一致的。

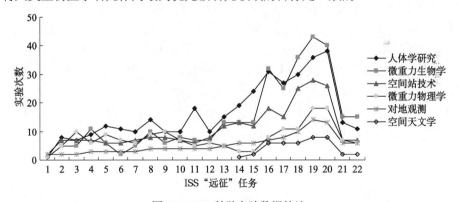

图 5-6　ISS 科学实验数据统计

资料来源：NASA 网站 ISS 实验列表，http://www.nasa.gov/mission_pages/station/research/experiments/experiments_by_name. html

此外，空间科学技术的日益进步，给空间实验专用实验平台的研制和发展带来了良好的契机。空间专用实验平台可以在特殊环境下开展多种类型的生命科学实验，一般集成了生命科学仪器的专用性、航天仪器设备的特殊性及空间生命科学实验的复杂性等诸多特性。先进的空间专用实验平台也可以为空间生命科学研究提供良好的试验条件。空间实验平台相对于地面试验平台有着无法比拟的优势：太空中的微重力环境可以影响植物和微生物的生长；辐射条件下细胞增殖、诱导染色体畸变影响基因表达；植物在低气压下基因表达会发生戏剧性的改变，并能影响其产出。

第二节　太阳系与人类的关系是怎样的？

一、太阳活动的基本规律是什么？

（一）太阳活动的微观现象和规律是什么？

1. 太阳内部结构、磁场和动力学

认识太阳内部结构和太阳产生周期性磁场的物理机制，一直是太阳物理研究的主要科学目标。全面理解太阳磁场的起源、磁场周期性变化的物理本质及产生的各种动力学现象，有助于预测变化的空间环境及其对人类社会的影响。利用地基和天基望远镜的观测数据，研究人员发现，太阳活动在2008～2009 年跌入了近一个世纪以来前所未有的低谷。在现有的理论知识和物理模型中，这个突然的下降并不是预料中的。然而，研究人员在太阳极区附近发现了不同寻常的低磁通量，这可能是预测活动周强度非常有用的信息。低太阳活动会对日地空间产生影响，例如，地球附近的宇宙射线流量达到有记录以来的最高水平，地球上层大气受太阳紫外辐射加热减少导致作用在飞行器上的阻力减小。因此，进一步理解太阳产生周期性磁场的物理机制，找到预测太阳周期性变化的物理参数，对于理解太阳内部结构、预测日地空间环境等具有重大意义。

基于高分辨率的空间测量和地面对太阳内部的日震测量，研究人员发现太阳内部大尺度的纬向流和子午流均有与活动周相关的变化，这些变化的流对太阳活动周可能是驱动作用而不是活动的结果。活动区的日震学观测也发现太阳表层以下的螺旋状流，其强度与耀斑活动紧密相关。这些发现为研究太阳内部结构、磁场起源和周期性变化的本质，提供了必不可少的依据，可用来发展成为有用的、具有应用意义的强太阳活动的预测工具。

基于最新的观测数据和发电机流量传输模型的快速发展，太阳发电机模型的研究也取得了很大的进展。但仍然需要解决的问题有：子午流以多大的

速度将极向磁流向极区输运？这些流动在多大程度上会停留在太阳表面或是在去极区的途中向下扩散？由于这两个问题的重要性，测量子午流及其变化就显得尤为重要。这些测量相当困难，对于测量手段，到目前还未达成共识。因此，太阳发电机模型的不断发展，结合高质量的观测数据，将推动太阳内部结构的研究，进一步理解太阳磁场及其演化的本质，探索太阳大气中各种动力学过程产生的本征特性。

2. 太阳大气中的磁耦合

从高分辨率和长期的空间和地面观测中，研究人员对从色球层到日冕层、甚至延伸到日球层边界的太阳大气的动态和耦合性的研究越来越深入，逐步了解了太阳大气结构、太阳风的起源和加速机制、太阳等离子体密度和温度分布、不同区域磁场的分布等特征。太阳大气和太阳风都是通过太阳强磁场创造和组织的，因此，精确测量日冕和太阳风中的磁场对理解空间环境是必不可少的。目前，研究人员已经第一次观测到日面色球层矢量磁场和拥有第一张日面边缘之上的日冕磁图，推动了太阳及日球层科学研究的进步。为了进一步理解太阳风的动力和结构，需要到离太阳尽可能近的位置在太阳风的起源处测量其特性，研究太阳风的起源和加速，以及发生在其中的重联过程、粒子加速过程等。

过渡区和日冕探测器（Transition Region and Coronal Explorer，TRACE）和太阳动力学天文台（Solar Dynamics Observatory，SDO）上的大气层成像仪（Atmospheric Imaging Assembly，AIA）高分辨率的极紫外窄带图像描述了太阳大气中冕环的尺度、结构、温度及其演化过程，促进了对太阳大气中磁场与等离子体的耦合的认识。其中，它们揭示了温日冕环（1MK）的密度最高可超过三个数量级，与之前得出的基本保持稳定的结果相矛盾。这个矛盾对冕环现有的理论模型和认识提出了新的挑战，因此，需要更高时间、空间分辨率的成像观测及相关理论的发展。

另外，长期以来，只是观测到日冕环却没有明确看到加热过程，这表明日冕加热是发生在比现有分辨率更小的尺度中，这种加热过程在日冕环的内部结构中有很明显的特征。具有空间、时间、光谱分辨率的 Solar-C 卫星就是专门用来观测这种内部结构和动力学行为的。虽然日冕结构的加热仍然未知，但至少知道色球层与日冕层的耦合在解决加热机制问题上是必不可少的。

（二）太阳活动的宏观现象和规律是什么？

太阳大气中大型的太阳耀斑及相关的快速 CME 是太阳系中最强的爆发

和粒子加速器，正是它们创造了极端的空间天气，它们也是理解宇宙类似爆发的极好样本。全面掌握耀斑和 CME 的发生、演化及其对日地空间造成的影响，具有重要的科学和社会双重意义。

基于光球磁场和速度场的观测，研究人员发现磁场螺度的积累、磁通量的浮现、黑子的运动等与耀斑和 CME 的触发密切相关。对于光球磁场的研究，有助于理解太阳大气中磁场能量的积累和释放。Ramaty 高能太阳分光镜成像卫星（Ramaty High Energy Solar Spectroscopic Imager，RHESSI）硬 X 射线光谱成像测量表明，加速电子的能量往往占太阳耀斑释放能量的 50%，并且有强有力的证据显示能量释放及电子加速均与磁场重联相关。因此，粒子的加速与磁场能量的释放密切相关，理解太阳高能粒子产生的位置和机制及其在太阳大气中的传输，以及理解粒子加速是否在日冕加热中起作用，是理解太阳大气磁场能量释放、等离子体不稳定性本质的基础。与高能粒子相关的另外一个显著的爆发是微波爆发，辐射频率几乎覆盖地面可接受的全部无线电频率，辐射源的分布从色球层、到日冕甚至行星际空间，有助于理解太阳大气的结构、冕环的演化及高能粒子的加速和输运。根据美国的频率灵活太阳射电望远镜（Frequency Agile Solar Radiotelescope，FASR）和我国建设中的中国频谱射电日像仪（Chinese Spectral Radioheliograph，CSRH）的射电频谱成像，将会得到太阳活动区日冕磁场及其在耀斑和 CME 之前、之中及之后的演化、日冕激波的位置和性质、非热电子能量分布函数的演化等参数。这些观测将为理解磁场能量存储、释放、粒子加速和输运、各种等离子不稳定过程提供新的依据，为理解太阳耀斑和 CME 的本质打开新的窗口。

在 4 倍太阳半径之内的 CME 的加速轮廓和耀斑硬 X 射线能量释放几乎同步，这意味着快速的 CME 扩张会在 CME 之下引发一个耀斑电流片，而电流片内的重联引起粒子加速产生硬 X 射线和微波辐射。另外，人们对最大的太阳高能粒子事件的研究得出，是 CME 驱动激波加速使得粒子在太阳附近能量快速达到 0.1～1GeV。耗散激波加速理论所预言的加速离子和增强的共振波在一些事件中被探测到。尽管大的太阳高能粒子事件经常与 1 AU 处的强激波相关，但是观测和理论一致的情况却很少出现，因此近太阳处的测量是十分必要的。

另外，通过研究太阳磁场，可以类比研究恒星形成时磁场对年轻星体及热电离气体的作用，对探索星系内部黑洞及其吸积盘激发并维持磁场的机制提供启示，理解磁重联等作用带来的能量释放特征及其可能的观测后果，并理解星系团内磁场对内部气体的作用。

二、太阳系的起源演化及其与太阳的关系是怎样的？

（一）太阳系行星是如何起源与演化的？

1. 太阳系的起源与早期演化历史

约 46 亿年前，在原始太阳周围由太阳星云盘物质的分馏、凝聚、吸积、增生等过程形成了太阳系。太阳系最初 10 亿年的历史决定了地球和其他行星的演化方向。由于后期的地质作用等因素，地球上缺失了这一段历史的地质记录，使得人类对太阳系早期历史的了解非常有限。对太阳系各层次天体的探测，可以了解太阳系早期的演化历史，包括行星的形成和演化过程、太阳系早期撞击体大小和通量及其随时间的变化等。

2. 太阳系生命信息探寻

深空探测中生命及相关物质的起源和演化的研究，主要回答太阳系中"是否存在地外生命"的问题，如地球之外的天体（如火星）是否有适合生命存在的环境？对生命起源起决定性作用的因素有哪些？太阳系中生命如何演化？生命怎样随行星环境变化而进化？彗星和小行星与地球生命起源的关系？木星和土星的卫星是否具有生命存在条件？以及地外生命物质探测等。

3. 小天体活动对地球的灾害性影响

从地球生物演化历史看，小天体撞击地球多次导致气候环境灾变和生物灭绝事件。通过深空探测，确定这些小天体的精密轨道、运动速度、体积、物质组成、内部结构，研究并评估其撞击地球的可能性和灾害程度，提出排危和规避方案，保护地球和人类的安全。

4. 太阳系各层次天体的比较研究

比较行星学是以地球的研究为基础，将地球置于太阳系的时空尺度里，对比研究各层次天体的共性与特性，综合分析太阳系的形成与演化规律，包括：行星大气层的形成与演化过程的比较研究；类地行星形貌与地质构造的比较研究；类地行星物质组成及其分布特征的比较研究；类地行星内部结构与物理场的比较研究；行星演化的时间序列；通过比较行星学综合研究，构建类地行星与太阳系形成与演化理论新模型。

（二）太阳活动事件在行星际空间中是如何传播和演化的？

1. 太阳与太阳系和星际介质之间的相互作用

人们仍然非常缺乏对日球层外部区域的探索[①]。这些是人们非常感兴趣的区域，也是异常宇宙线形成的地方。异常宇宙线和银河宇宙线穿透进入太阳系内部，对人类和运行在地球磁场保护范围之外区域的卫星构成威胁。

太阳风超声速流转变成亚声速流并在距离太阳 100 AU 的地方融入当地星际介质。日球层鞘处于此"终止激波"之外并向外延伸到日球层顶——一个将太阳领域与当地星际介质分开的还未探测到的区域。发射于 1977 年的两颗 Voyager 探测器，分别于 2004 年和 2007 年穿过终止激波，现在正在探索日球层鞘——一个存在惊人粒子加速的区域，从高能粒子的总能量来看，日球层鞘是一个比太阳更充分的加速器（图 5-7）。

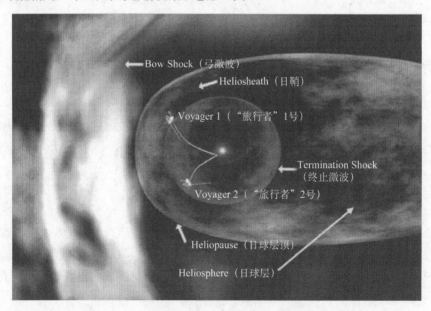

图 5-7　日球层区域示意图及 Voyager 1 和 Voyager 2 的位置

Voyager 1 于 2004 年 9 月在 94 AU 的地方穿越终止激波，
Voyager 2 于 2007 年 8 月在 84 AU 的地方穿越

资料来源：NASA/Goddard/Walt Feimer；http：//www.nasa.gov/images/
content/558098main_Viz_2_Heliosphere_Voyager 2009.jpg

---

① Voyager 探测器继续对外日球层做实地观测，其进入星际空间成为一个历史性事件。近地卫星上仪器的遥感测量补充了 Voyager 的观测，促进人们多管齐下地攻克根本科学问题。

两颗 Voyager 探测器目前位置相隔很远，其观测也受到仪器 35 年寿命的限制。然而，最近的 Voyager 观测使人们发现日球层鞘中一些意料之外的结构。来自恒星际边界探索者（Interstellar Boundary Explorer，IBEX）的观测显示星际磁场统筹高能离子的分布。Voyager 穿越日球层顶进入当地星际介质时的独特观测结果、来自 IBEX 的观测数据，以及建议的恒星际测绘和加速探测器（Interstellar Mapping and Acceleration Probe，IMAP）任务，使人们有望对发生在这些未探测区域的重要加速过程有新的理解。特别是，它们还将有助于理解太阳系免受银河宇宙线影响的机制，以及这种保护机制对改变太阳条件可能能有多大效果。

2. 日球层内和贯穿宇宙的基本过程

要取得对太阳和空间物理学认识上的进步，需要能够描述控制能量和物质输运的基本物理过程。这些认识对提高空间天气的预报能力也是必要的。

构成异常复杂动力学空间环境的基本过程是可以确定的，有时可以被当成独立的问题来探究。这些基本过程在其他天体物理学框架下也能扮演一定角色。从这个意义来讲，太阳、日球层还有地球磁层和电离层充当了研究普遍等离子体现象的宇宙实验室，并在实验室等离子体物理、聚变研究和等离子体天体物理学中也有应用[①]。当然，这些领域的发现也有助于太阳和空间物理的科学进展。

控制空间环境动力学普遍过程的例子如下。

（1）发电机。太阳内部对流区的湍流扭结和传递磁场，最终决定平均每 11 年极性反转一次的大尺度太阳偶极磁场。类似的"发电机"过程形成恒星、磁星甚至星系、黑洞和其他致密物体的磁场。地球电离层中展示了几种中性风发电机过程，在高纬形成影响磁层的大尺度电场，在低纬控制太阳辐射生成的等离子体密度的增长。

（2）太阳风和行星风。太阳大气加热随后向外膨胀生成太阳风。各种机制产生的风是所有星体的必要特征。极风，即来自地球两极的风，类似地也可以用电离层等离子体填充磁层。

（3）磁重联。方向相反区域的磁场可以互相湮灭以将磁能转换成高速流、加热的等离子体和高能粒子。这种能量的爆发性释放驱动太阳和其他星体上的耀斑，还有可能驱动星系吸积盘磁层和天体喷流。地球磁层的重联导

---

① 参考美国 NRC《局地宇宙等离子体物理》（*Plasma Physics of the Local Cosmos*），国家科学院出版社，Washington D. C., 2004。

致磁暴期间地球保护性磁场的防护作用被侵蚀，是磁层亚暴的驱动者。

（4）无碰撞激波。激波出现在贯穿整个日球层的区域，它们在那里促成超声速流到亚声速流的转变，加热等离子体，并充当高能粒子加速器。天体物理系统中，激波普遍是以超新星激波的形式被观测到，它们是天体喷流终止处，一般来说，是在星系碰撞和合并期间的银河宇宙线的一个预测来源。

（5）湍流。等离子体湍流在空间环境和更宽广的整个宇宙中无处不在。它从太阳内部携带能量到其表面，并驱动太阳发电机。它也是人们提出的周围日冕加热和耀斑中高能粒子加速的机制之一。湍流驱动磁层——地球磁场和辐射带支配的空间区域中的粒子和能量的输运，加热极光区的电子和离子，在地球大气层的带电上层（电离层）中普遍存在。承认湍流可能会促成吸积，这一点已经改变了人们对致密天体环境甚至恒星和行星形成机制的认识。

（6）等离子体-中性成分相互作用。地球磁层中电离的等离子体与电离层/热层中的中性粒子相互作用导致电离化、进入磁层的外流及中性风的形成，中性风丰富的动力学过程直到最近才被重视起来。类似的中性成分和离化粒子的相互作用发生在太阳和太阳风中。在更宽广的宇宙中，等离子体经常只被部分电离，以至于等离子体运动经常因为中性成分被质量负载所限制。观测到的分子云构成被认为是缘于辐射带的电离动力学和中性成分/等离子体相互作用。

（三）太阳活动是如何影响地球空间环境的?

1. 太阳活动对地球空间环境的影响

太阳活动及其变化在各种时间尺度上驱动着空间天气。基于此，研究隐藏在太阳内部的这些变化活动的起源，以及这些活动如何进入近地空间并与空间环境发生相互作用，是非常重要的研究课题。

实际上，太阳比白天肉眼所看到的更为活跃和复杂（图 5-8）。几个地球半径大的太阳黑子散布在太阳表面，它所携带的强大磁场比太阳平均背景场要大数千倍。每个太阳活动区在数分钟至数月的时间尺度上增长、消退和重新组织。太阳黑子集体成组出现形成了约 11 年的太阳活动周期和约 22 年的磁场活动周期。太阳风的典型速度和太阳辐射变化与太阳周期性变化一致。在太阳活动极大期，太阳能以高达一天三次的频率喷发数十亿吨的等离子体。这些 CME 的速度能达到背景太阳风速度的 5 倍以上，如果它们朝向地球的话，能在一天之内到达地球。CME 通常同太阳耀斑这个最剧烈的爆发现象联系在一起。CME 能引起大的地磁暴活动，这些磁暴能影响像电网之类的地面设施系统。

图 5-8　太阳活动示意图

一连串的活动区一个接一个地在太阳的上半部分排列开来，
相互扭结和作用达 4 天半（2011 年 9 月 28 日～10 月 2 日）。
如图用极紫外光所见，剧烈的磁活动区闪耀着成卷的拱形环。

资料来源：NASA/SDO

太阳耀斑将地球沐浴在过量的电磁辐射之中，但只有强 X 射线和紫外线能显著影响地球向阳侧电离层，而通讯和导航系统则受电离层状态变化的影响。耀斑在数分钟内就能释放巨大的能量，并能持续数小时之久。每个太阳活动周内大概会有一次超级耀斑，强到极强耀斑能达到数百个。太阳质子事件是另一种太阳的活动信号。相对论能量的质子在太阳表面附近产生，如果被激波携带传向地球的话，最短能在 15min 左右到达。从历史记录来看，每个太阳活动周内，超强的质子事件大概能发生 1 次左右，强到极强的质子风暴大概有 15 次。极强的质子风暴会影响宇航员和航天器活动；它们也会扰乱极区航线的航班操作，并对机组人员造成潜在的长期身体健康影响。基本上每一个太阳活动都会影响地球上的生命。

最近的太阳活动极小期（主要为太阳第 23 活动周期的结束）比 20 世纪任何一次都持续得更长，且活动更为平静。第 24 太阳活动周期开始于第 23 周期之后的第 13 年，而且可能是人类空间时代以来最弱的一个活动周期。尽管人们对太阳表面流动的测量准确性不断增加，对驱动太阳活动的发电机模型研究更加精细，但科学家依然对物理上预报大黑子的出现缺乏信心，更不用说未来 10 年的太阳活动水平了。部分信息缺失的原因在于太阳极区的观测很难做到。由太阳深处缓慢流动携带至极区的磁通类型调控着太阳深处发电机的种子，而后者导致了随后的太阳活动周期。

尽管驱动太阳周期性变化的是大尺度的动力学过程，但是亮度、加热、质量流的实际变化机制同样依赖于发生在小尺度上的各种相互作用的总和。与连续的小尺度活动组成的火热背景相对，全球结构则在一个巨大的尺度上储存着极大的能量。磁应力的结构可以被模拟出来，却不能被直接观测。耀斑或 CME 中灾难性能量释放的触发机制仍是未解之谜。只有通过太阳附近的探测器直接探测太阳风，才有可能弄清一般太阳风及更高能量粒子的加速机制。

2. 地球磁层、电离层和大气层动力学和耦合过程，以及对太阳和地球输入的响应

地球空间环境所处的区域由中性气体、带电粒子和发生在一系列时空尺度上的等离子体波动相互作用耦合而成。通过此环境的能量和动量输运表现出不同程度的反馈和复杂性，这就要求一个将其视为紧密耦合系统的研究方法。

地球空间环境受太阳风的影响。当被拖拽的太阳风磁场和地球磁场在二者指向相反的地方相遇时，它们会通过"磁重联"的过程而湮灭（图 5-9）。磁重联驱动将高能粒子带向地球的磁层，粒子在那里被注入并被俘获到环绕地球的轨道上，从而形成外辐射带。尽管目前重联如何发生和驱动磁层对流的主要观点已经很好地建立起来，但是磁层中磁重联的根本物理原因仍未被充分理解，难以预测这一过程将发生在何时何地、发生得多快，以及如何促成质量、能量和动量的输运。因此，理解带电粒子的加速、散射、损失这些控制辐射带增强和损耗的过程，成为太阳和空间物理学优先考虑的问题。

磁暴期间，来自磁层内边界（电离层）的剧烈离子上涌过于强烈以至于它能够通过调节日侧和夜侧的磁重联来改变磁层动力学。电离层也是等离子体-中性气体基本相互作用的场所，这块区域必须利用高时空分辨率来理解中性大气-电离层系统的动力学。当磁层电流被扰动时，正是电离层为其提供另一条路径来加热地球大气层。

通过研究和观测来理解这个系统中的能量输运、冷却和构造。来自磁层的高达 1 TW 甚至更多的剧烈能量输入，主要发生在纬向跨度不到 10°的区

域。磁暴期间，整个极区及向下到中低纬地区的能量被重新分配。理论上仍然无法解释高纬加热几小时后全球热层是如何"膨胀"的，并且磁暴期间的冷却过程还不十分清楚。

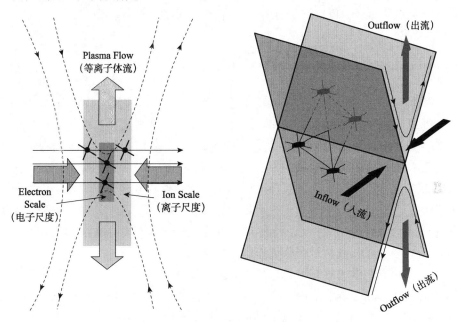

图 5-9　磁重联磁场、流动和扩散区域的示意图

资料来源：MMS-SMART 科学团队

地球高层大气和电离层是一个研究辐射过程和有磁场条件下等离子体-中性成分耦合的实验室。这里的过程非常复杂：等离子体-中性成分碰撞，相关联的中性风驱动湍流，这些湍流串级到非常小的空间尺度并且干扰通信。能量和动量主要通过波动的方式从低层大气传递到高层大气和电离层。尽管波动的存在和重要性是没有争议的，相应的中性大气和电离层之间的耦合过程却牵涉许多现在还未理解的多尺度动力学。理解能量分配、动力学行为及来自上面和下面的波动能量剧烈影响的这一区域的日变化对太阳和空间物理学提出了巨大挑战。

向大气中排放的温室气体（如二氧化碳和甲烷）正改变着全球气候，加热低层大气而冷却高层大气。低层大气中，温室气体的不透热性通过捕获地球表面的红外辐射能来获得能量，并通过与其他分子的碰撞将其转化为热能。然而，热层中分子间碰撞没那么频繁，温室气体通过碰撞获取能量然后将此能量用红外波段辐射到太空中去来促进冷却。

热层的持续冷却将改变大气层-电离层的耦合，从而改变磁层-电离层系统的全球电流，进而从根本上改变磁层-电离层耦合。借助长期以来的卫星数据和地基电离层探测装置网络，这些趋势现在才得以逐渐发现和认识。这是一个显著的行星变化，至少可以部分归结于人类社会对地球大气层的调节。

三、地球系统将怎样发展演化？

人类可持续发展面临的巨大科学挑战之一是认识人类赖以生存的复杂变化的地球系统、认识地球系统变化对生物的影响及人类活动如何改变地球系统对生物的影响。这些科学问题是空间地球科学/全球变化领域不断探索的前沿科学问题，涉及地球系统中广泛的物理、生物化学等自然过程及其与人类活动的相互作用和影响，包括地球系统中大气圈、水圈、岩石圈、土壤圈和生物圈等五大圈层中所发生的主要变化和相互作用，以及能量、水分、生物化学三大要素的循环体系。将地球系统作为一个整体复杂系统的研究方式对认识气候变化和其他全球环境问题至关重要。

空间地球科学的战略目标为：发展地球系统科学，满足气候和环境变化带来的挑战。其基本的前沿科学问题包括四个方面：地球系统如何变化（描述）？地球系统变化的主要原因是什么（认识）？地球系统未来如何变化（预测）？地球系统科学如何提高对全球变化的适应过程（应用）？

（一）地球系统如何变化？

地球系统由大气、海洋、冰雪、岩石和生命五大圈层所组成，是一个各个子系统相互作用、耦合和不断演化的复杂巨系统。这个系统在所有时间尺度上发生着变化，包括从几分钟到数天的龙卷风和其他极端天气扰动，上百万年尺度上形成地球景观的构造和侵蚀现象，以及所有制约大气和海洋的生物地球化学过程等。而人类对地球系统的了解是非常有限的，如短时间的天气系统的变化、中等时间尺度的厄尔尼诺/拉尼娜波动及较长时间尺度的冰期/间冰期旋回等，地球系统在诸多方面展示了复杂的变化性。

对全球变化的研究表明，人类活动是导致全球气温升高的主要原因。随着经济与社会的快速发展，人类的可持续发展受到地球系统变化的影响和制约，同时人类活动在未来还将继续对全球环境产生深远影响。加强对地球系统科学的认识，建立并改进地球系统模式，提高对地球系统变化的预报和预测水平，尤其是对极端天气、气候和其他自然灾害的预报能力，是空间地球系统/全球变化研究的核心。

(二)地球系统变化的主要原因是什么?

NASA 的地球科学事业战略计划（Earth Science Enterprise，ESE）中指出，当今人类面临的最大挑战就是准确量化来自自然和人类的地球系统变化驱动力，由此来研究、发现气候和生态系统的变化趋势，并识别其变化模式。地球天气和气候系统的自然驱动力主要是太阳辐射、地球辐射收支及大气和海洋的运动，而人为驱动力因素的加入，改变了大气组分，从而引起辐射反射性和吸收性气体浓度上升，导致了平流层臭氧破坏和温室效应增强。另外，根据测量结果记录，大气 CO_2 浓度近年来每年增加 1%，导致全球大气中 CO_2 总计增加了 30%。在气候研究中，发现火山喷发的微粒及其释放的气体对大气影响也很大，地壳运动引起的显著地壳变化和地形变化也会对陆地表面产生重要影响。

（三）地球系统未来如何变化?

研究地球系统科学的最终目的是积累基础知识，从而建立模型来预测未来变化，评估这些变化可能带来的风险。当前人们感兴趣的是 10～100 年时间尺度上的气候变化，如大气的化学性质和成分变化、生物地球化学循环和初级生产力的变化等。预测未来地球系统变化的第一步是能够实际模拟当前状态和短期的全球环境变化。也就是说，未来变化的可预测性取决于是否真实地反演、再现当前或过去地球环境变化的真实状况。地学研究者已经模拟并描述了地球系统的主要循环过程，包括水循环、能量循环及生物化学循环等，但如何将模型和地球观测系统各组分结合起来，提高模拟精度，仍然是未来 10～20 年的一个科学研究主题。

（四）地球系统科学如何提高对全球变化的适应过程?

由于地球系统较大的自然可变性，将地球系统的响应与作用于系统的多种驱动因素联系起来是个难题，系统内外的反馈使这一问题更加复杂。在全球尺度上，地球系统特征的很小变化，如平均地表温度或海平面压力的微小变化，可能会导致区域性天气、生产力模式、水资源利用和其他环境属性的显著变化。例如，厄尔尼诺暖流会阻断区域海洋生产力状态和更为广阔的气候状态，厄尔尼诺的出现多与太平洋的台风有关。地球系统科学如何提高对全球变化的适应过程是地球科学的核心问题，关系人类社会的可持续发展。

通过发展地球系统模式，研究地球系统五大圈层之间的相互作用，尤其是对云和气溶胶、地表水文、生态结构和功能、极端天气和水文事件、人类健康等方面的变化的研究，为提高对全球变化的适应过程提供科学指导和决策服务。

认识空间地球科学/全球变化科学问题需要一套完整的基础观测（包括从陆地、海洋、大气、空间卫星平台获取信息产品）、数值模式及其他信息决策工具。美国 20 世纪 80 年代中期首先提出并实施了对地观测系统（Earth Observing System，EOS）计划，对陆地、海洋、大气层、冰及生物间的相互作用进行了系统化的综合观测。NASA 于 2000 年公布了 ESE 计划，旨在观测、描述、了解和预测地球系统变化，以提高人类对天气、气候、灾害的预测和预报能力。ESA 则以地球遥感卫星（ERS-1/2）及环境卫星（Envisat）占据对地观测先进技术行列，以生存行星计划（The Living Planet Programme）促进地球科学进步。发展中国家（如印度）也非常重视对地观测技术的发展，随着印度资源和气象卫星的发射并稳定地提供数据，其对地观测技术发展和应用水平得到了相当高程度的认可。国际地球观测组（Group on Earth Observations，GEO）也发起了全球综合地球观测系统计划（Global Earth Observation System of Systems，GEOSS），在未来 10～20 年，各国空间地球科学任务的核心仍然是围绕气候变化研究和监测。

第六章

至 2030 年发展战略目标及规划

空间科学研究依赖于发射空间科学卫星（或飞船）来获取第一手数据。为前述科学问题寻找答案需要实施目标明确、技术可行的空间科学计划。

第一节 至 2030 年发展战略目标

中国空间科学至 2030 年的总体战略目标是：发展空间科学事业，在宇宙的形成和演化、系外行星和地外生命的探索、太阳系的形成与演化、太阳活动及其对地球空间环境的影响、地球系统的发展演化、超越现有基本物理理论的新物理规律、空间环境下的物质运动规律和生命活动规律等热点科学领域，通过系列科学卫星计划与任务以及"载人航天工程"相关科学计划，取得重大科学发现与创新突破，推动航天和相关高技术的跨越式发展，为人类认识宇宙、探索太空做出中华民族应有的重大贡献。其中，分阶段目标如下。

（1）至 2020 年，发射"十二五"立项的 4 颗科学卫星，新立项研制5~6 颗科学卫星，预期在黑洞、暗物质、时变宇宙学、地球磁层-电离层-热层耦合规律、全球变化与水循环、量子物理基本理论和空间环境下的物质运动规律与生命活动规律等方面取得重大科学发现与突破；同时部署新的预先研究与背景型号项目，为"十四五""十五五"立项的科学卫星做好准备。

（2）至 2025 年，完成"十三五"立项的科学卫星发射，新立项研制6~7 颗科学卫星，预期在极端条件下的物理规律、黑洞和中子星的物理本质、系外类地行星、太阳磁场与爆发、日冕物质传播规律、日地空间环境、临近空间与全球变化等领域取得重大科学发现。

（3）至 2030 年，完成"十四五"立项的科学卫星发射，新立项研制7～8 颗科学卫星，预期在宇宙早期演化、极端天体物理、引力波探测和太阳矢量磁场测量等方面取得重大科学发现。

第二节　空间科学计划

为了实现空间科学发展战略目标，针对空间科学前沿问题，中国空间科学家提出了至 2030 年我国空间科学拟开展的科学问题与实施计划，具体如表 6-1 所示。

表 6-1　中国空间科学拟开展的科学问题与实施计划

主题	问题	子问题	实施计划
宇宙和生命是如何起源和演化的？	宇宙是如何起源和演化的？	宇宙是由什么构成及如何演化的？	"黑洞探针"计划 "天体号脉"计划 "天体肖像"计划 "天体光谱"计划 "载人航天工程"科学计划
		宇宙中不同尺度的结构和天体是如何起源和演化的？	"黑洞探针"计划 "天体光谱"计划 "天体号脉"计划 "载人航天工程"科学计划
		是否存在超越现有基本物理理论的新物理规律？	"空间基础物理"计划 "天体光谱"计划 "载人航天工程"科学计划
	生命是如何起源和演化的？	生命是如何起源和演化的？	"月球探测"计划 "腾云"计划 "桃源"计划 "火星探测"计划 "木星系统探测"计划 "天体号脉"计划 "系外行星探测"计划 "载人航天工程"科学计划
		获取地球以外存在生命的证据	"桃源"计划 "天体号脉"计划 "火星探测"计划 "木星系统探测"计划

续表

主题	问题	子问题	实施计划
宇宙和生命是如何起源和演化的？	空间环境下的物质运动规律和生命活动规律是什么？	空间环境下的物质运动规律是什么？	"轻盈"计划 "轻飓"计划 "轻焰"计划 "载人航天工程"科学计划
		空间环境下的生命活动规律是什么？	"腾云"计划 "桃源"计划 "木星系统探测"计划 "载人航天工程"科学计划
太阳系与人类的关系是怎样的？	太阳活动的基本规律是什么？	太阳活动的微观现象和规律是什么？	"太阳显微"计划 "链锁"计划 "微星"计划 "载人航天工程"科学计划
		太阳活动的宏观现象和规律是什么？	"太阳全景"计划 "链锁"计划 "微星"计划 "探天"计划 "载人航天工程"科学计划
	太阳系的起源演化及其与太阳的关系是怎样的？	太阳系行星是如何起源与演化的？	"月球探测"计划 "火星探测"计划 "小行星探测"计划 "木星系统探测"计划
		太阳活动事件在行星际空间中是如何传播和演化的？	"太阳全景"计划 "链锁"计划 "微星"计划 "探天"计划 "载人航天工程"科学计划
		太阳活动是如何影响地球空间环境的？	"链锁"计划 "微星"计划 "探天"计划 "载人航天工程"科学计划
	地球系统将怎样发展演化？	地球系统如何变化？	"链锁"计划 "微星"计划 "探天"计划 "水循环探测"计划 "能量循环探测"计划 "生物化学循环探测"计划 "载人航天工程"科学计划
		地球系统变化的主要原因是什么？	"水循环探测"计划 "能量循环探测"计划 "生物化学循环探测"计划 "载人航天工程"科学计划

续表

主题	问题	子问题	实施计划
太阳系与人类的关系是怎样的？	地球系统将怎样发展演化？	地球系统未来如何变化？	"水循环探测"计划 "能量循环探测"计划 "生物化学循环探测"计划 "载人航天工程"科学计划
		地球系统科学如何提高对全球变化的适应过程？	"水循环探测"计划 "能量循环探测"计划 "生物化学循环探测"计划 "载人航天工程"科学计划

一、"黑洞探针"计划

"黑洞探针"计划的科学目标是通过观测宇宙中的各种黑洞等致密天体及伽马射线暴，研究宇宙天体的高能过程和黑洞物理，以黑洞等极端天体作为恒星和星系演化的探针，理解宇宙极端物理过程和规律。

"黑洞探针"计划回答关于宇宙组成的以下几个重要的前沿科学问题：①黑洞等极端和致密天体的性质是什么？②黑洞等极端和致密天体是如何与它们周围的环境相互作用的？③极高密度、极强磁场和极端引力场中的物理规律是什么？

拟通过"黑洞探针"计划回答关于宇宙演化的以下几个重要的前沿科学问题：①大质量恒星是如何演化和最后形成黑洞等致密天体的？②超大质量黑洞是如何形成和增长的？③超大质量黑洞在星系及宇宙大尺度结构的形成和演化过程中起什么作用？④高红移（早期）宇宙中暗物质和暗能量是如何演化的？

根据目前中国空间天文的发展现状，"黑洞探针"计划拟实施的项目包括以下几方面。

（一）HXMT

HXMT 科学目标旨在：①通过巡天观测，发现大批被尘埃遮挡的超大质量黑洞和未知类型天体，研究宇宙硬 X 射线背景辐射的性质；②通过观测黑洞、中子星、活动星系核等高能天体，分析其光变和能谱性质，研究致密天体和黑洞强引力场中物质的动力学和高能辐射过程。HXMT 计划于 2016 年发射。

（二）SVOM

SVOM 系中法合作多波段伽马暴探测项目，将在一颗小卫星平台上携带可见光（中国）、软 X 射线（法国）望远镜、硬 X 射线成像仪（法国）、伽马射线监视器（中国）等多波段科学仪器，其核心科学目标是：①发现和快速定位各种伽马射线暴，引领国际伽马暴研究；②全面测量伽马暴的电磁辐射性质，提供伽马暴的基本参数，从而理解大质量恒星的演化、伽马暴的爆发机制，以及极端相对论喷流的产生和输运过程；③探测离地球最远、产生最早的天体，利用伽马暴研究宇宙的早期演化、暗物质和暗能量的宏观性质。

（三）POLAR

POLAR 系由多个塑料闪烁体棒簇组成的一个科学仪器，将搭载在我国空间实验室"天宫二号"上，利用康普顿散射原理测量入射伽马射线的偏振。目前，国际上还没有专用的空间伽马偏振测量仪器，而伽马射线暴的偏振被认为是伽马暴的最后一个观测量。因此，POLAR 实验将开辟一个空间天文的新窗口，预计将对理解伽马暴的爆发和喷流机制发挥决定性的作用，并有可能检验有些量子理论模型。

二、"天体号脉"计划

宇宙中各种天体的电磁波辐射信号随时间的变化提供了天体内部结构和天体活动的基本信息。恒星、白矮星和中子星的周期性光变对理解其性质起了决定性的作用。"天体号脉"计划旨在对天体的各种波段的电磁波和非电磁波辐射进行高测光精度和高定时精度的探测，理解各种天体的内部结构和各种剧烈活动过程。主要项目包括 XTP、EP、中国引力波计划和拟在我国空间站上实施的中子星极端天体物理和新技术探索任务（Neutron-star Extreme Astrophysics and new Technology Exploration Research，NEATER）。

（一）XTP

XTP 致力于观测黑洞、普通中子星和磁星，研究极端引力条件下的广义相对论和极端密度条件下的中子星物态，以及极端磁场条件下的物理规律，即广义相对论（对应黑洞自旋和吸积盘铁线测量）、量子色动力学（对应中子星物态测量）和量子电动力学（对应磁星偏振测量）等。XTP 有效载荷包括：高能 X 射线聚焦望远镜阵列、低能 X 射线聚焦望远镜阵列、高能 X 射线准直型望远镜、宽视场相机。目前，XTP 已进入空间科学先导专项"十二五"背景型号项目。

（二）EP

EP 致力于发现和探测几乎所有尺度上的沉寂的黑洞；探测引力波爆发源的电磁波对应体并对其精确定位；系统性的深度探测和研究各类 X 射线暂现天体，快速定位并发布预警。EP 的有效载荷包括一台大视场（60°×60°，立体角约为 1 球面度，即全天 1/12）的软 X 射线（0.5～4keV）望远镜（Wide-field X-ray Telescope，WXT）和一台视场约为 1°×1°的深度后随 X 射线望远镜（Follow-up X-ray Telescope，FXT）。两台 X 射线望远镜均为龙虾眼微通道板光学（Micro-pore Optics，MPO）聚焦型望远镜。目前，EP 已进入空间科学先导专项"十二五"背景型号项目。

（三）中国引力波计划

目前规划的项目包括太极计划、天琴计划、阿里计划和通过国际合作参与欧洲的 eLISA（evolved Laser Interferometer Space Antenna）计划（贡献不超过总预算 20%的载荷）。太极计划的主要科学目标是观测双黑洞并合和极大质量比天体并合时产生的引力波辐射，以及其他的宇宙引力辐射过程。天琴计划的主要科学目标是对一个周期为 5.4min 的超紧凑双白矮星系统产生的引力波进行探测。阿里计划的科学目标是在北半球建立一个极高灵敏度的毫米波射电望远镜，探测宇宙大爆炸后极低频的原初引力波。

（四）NEATER

NEATER 主要目标是积累脉冲星观测资料，建立 X 射线脉冲星数据；验证导航原理，发展导航算法。工作在 1～15keV 波段，仪器配置为：准直型望远镜（探测面积 300cm^2）；聚焦型望远镜（探测面积 50cm^2，焦距 1m，角分辨率 5 角分）。该项目拟在中国空间站上实施。

三、"天体肖像"计划

"天体肖像"计划旨在获得太阳系外的恒星、行星、白矮星、中子星、黑洞等天体的直接照片和星系中心、恒星形成区、超新星遗迹、喷流等结构的高清晰度照片，开展各个波段的深度成像巡天，以及绘制各个波段宇宙背景辐射的高精度天图，理解宇宙的构成。目前在该计划的框架下提出的项目建议包括 S-VLBI 和空间甚低频射电天文台（Space Ultra-Low Frequency Radio Observatory，SULFRO）。

（一）S-VLBI

S-VLBI 拟通过长毫米波长 VLBI 技术开展黑洞等致密天体的超高精细结构成像观测等研究，探究黑洞的物理本质，精确估算中央黑洞质量，增加人类对黑洞的认识，揭示活动星系核中央能源机制。该项目计划发射两颗椭圆轨道卫星，远地点约 60 000km，每个卫星携带一台 10m 口径的射电望远镜，与地面望远镜配合，达到～20 微角秒的分辨率（@43 GHz）。目前，S-VLBI 已进入空间科学先导专项"十二五"背景型号项目。

（二）SULFRO

SULFRO 旨在建设世界上首个工作在 0.1～30GHz 频段具备多项科学探索用途的空间望远镜阵列，由 1 颗母卫星和 10 颗子卫星（搭载正交振子天线）构成，运行在拉格朗日 L2 点稳定轨道，远离地球上的射频干扰。SULFRO 独有的工作频段将填补无线电波谱的最后一段空白，它前所未有的高分辨率、高灵敏度成像能力有望在宇宙黑暗时期探测、系外行星搜寻、太阳日冕抛射、星系形成等多个天体物理和基础物理前沿领域取得重大发现。

四、"天体光谱"计划

"天体光谱"计划旨在对天体的各种波段（主要频段：光学、射电和 X 射线）的光谱进行高分辨的测量。主要建议项目包括："宇宙网"紫外发射线探测器（Ultraviolet Emission Mapper of "Cosmic Web"，UVEM）、宇宙分子探测器（Cosmology and Molecule Explorer，COME）、DAMPE 及拟在我国空间站上实施的大规模多色成像与无缝光谱巡天（China's Space Station Optical Survey，CSSOS）、高能空间辐射探测设施（High Energy Cosmic Radiation Detection facility，HERD）和 X 射线-紫外全天监视器（X-ray all sky monitor）。

（一）UVEM

UVEM 拟对邻近 300 个星系周边的中性氢（HI）和高电离氧（OVI）发射进行探测，对星系际介质中 Lyα（Lyman alpha）和 OVI 发射线三维成图可以揭示在细条状结构（filament）相交处（吸积和星系风主导）星系晕、星系组（group）和星系团中延展的气体。通过这些发射线成图（mapping），研究以下问题：①在"宇宙网"中失踪的重子究竟是如何分布的？有多少分布在细条状结构（filament）中，又有多少分布在与星系相接的星系晕中？②星系晕中有多少普通物质，又有多少当前环绕星系周边物质是因为温度达到 1e5～1e6 K 只能在紫外被有效观测到，而无法被当前设备探测到的？③恒星爆炸及大质量黑洞能量输出形成的热气体外流，是如何影响星系演化的？④气体物质如何从星系周边流入星系，这些内流物质又是如何影响星系的？⑤从最小的矮星系到最大的星系团，多种环境下气体如何冷却（从而形成恒星）？UVEM 由至少 4 个强大的窄波段成像相机组成。

（二）COME

COME 包括两个主要科学目标：①探索宇宙由暗转明的演化；②搜寻气体宇宙的新成分。COME 利用低频超宽带接收机覆盖 40～400MHz，实现相对简单轻便的载荷。超宽带设计为平方千米阵（SKA，中国为创始成员国之一）的预研项目之一。COME 将包括高、低增益天线，探测的仪器天线，天线支撑系统，接收机，太阳能电池板，重力梯度稳定系统等结构。

（三）DAMPE

DAMPE 科学目标为：①寻找暗物质粒子是其首要科学目标。通过在空间高分辨、宽波段观测高能电子及伽马射线寻找和研究暗物质粒子，在暗物质研究这一前沿科学领域取得重大突破。②通过观测 TeV 以上的高能电子及宇宙射线核，在宇宙射线起源方面取得突破。③通过观测高能伽马射线在伽马天文方面取得重要成果。包括以下仪器：硅阵列探测器、塑闪阵列探测器、BGO 闪烁探测器、中子探测器。该任务已于 2015 年 12 月 17 日发射。

（四）CSSOS

CSSOS 以研究宇宙学为主要科学目标，其观测能力将超过目前影响力最大的 SDSS 任务几个数量级，与国外同期的大规模巡天项目相比，也将具有很强的科学竞争力。该光学巡天大型项目拟在我国空间站上实施，计划完成 25 000 平方度深度多色成像观测、800 平方度极深度多色成像观测，以及 10 000 平方度中高银纬无缝光谱观测。

（五）HERD

暗物质研究的重大意义和难度较大，很难通过一个实验解决暗物质的问题，需要不同的探测手段进行全面的研究。中科院高能物理研究所、紫金山天文台等单位联合提出了下一代能够同时进行暗物质的间接观测和宇宙射线直接测量的空间项目——中国空间站暗物质探测计划，称为 HERD。HERD 是一个新型的空间暗物质探测实验，比目前运行或者研制中的空间暗物质探测实验在同样的重量下探测灵敏度大大增加。该实验同时具有对宇宙线粒子进行直接探测的优越能力：覆盖地面间接探测不能探测的能区，而且可以精确探测到宇宙线的成分，解决银河系宇宙线的起源问题。

（六）X 射线-紫外全天监视器

X 射线-紫外全天监视器目标旨在：①深度探测和普查各类高能暂现源/爆发源，尤其来自是银河系以外的源，并及时发布预警引导其他设备进行后随观测；②获得大样本的各类天体的高能辐射在很宽的采样时标范围内的强度和能谱变化数据；③发现前所未有的暂现/爆发源和时变现象。该项目拟在中国空间站上实施。

五、"系外行星探测"计划

"系外行星探测"计划致力于搜寻太阳系外类地、类木行星，精确测定行星的质量、轨道、可见光和红外光谱及上述物理参数随时间的变化情况，并建立上述行星半径、密度、有效温度、反照率、大气环境、温室气体、表面重力等重要物理参数的数据库，初步对宇宙中是否存在另一个"地球"这一基本科学问题做出回答。主要建议项目包括 STEP、外星黄道尘盘成像和系外类木/类地行星谱征研究（Jupiter/Earth-twin Exoplanets and Exo-zodiacal Dust Imager and Spectrometer，JEEEDIS）及寻找宜居地球——新地球（Searching for livable Earth—New Earth，NEarth）。

（一）STEP

STEP 科学目标为：①搜寻太阳系附近的类地行星。专门针对位于宜居带的类地行星开展高精度探测；探测对象为太阳系附近的 F、G、K 恒星。②对太阳系附近行星系统进行精确探测研究。更加全面地获取行星系统特别是低质量的行星样本和更精确的三维轨道和动力学特征研究。③宇宙距离尺度定标。通过 STEP 的亚微角秒测量能力，开展对太空中距离尺度的标准烛光——造父变星的精确测量和定标。STEP 设计定位测量精度为 0.5～1 微角秒，是目前国际上定位测量精度最高的空间探测计划。目前，STEP 已进入空间科学先导专项"十二五"背景型号项目。

（二）JEEEDIS

JEEEDIS 科学目标为：20 秒差距以内恒星黄道尘盘（ED）的成像观测和定量分析研究，类木行星（轨道半长径 0.4～5AU，有效温度几十至几百开尔文的成熟行星）及宜居带内类地行星成像观测和光谱分析研究。

（三）NEarth

NEarth 拟对亮于 12 等的太阳近邻恒星（包含光谱型为 G、K、M 的类太阳恒星）周围的行星系统进行大天区长时序的连续测光观测，以期利用掩星法发现位于宜居带的类地行星，并为下一代地面和空间望远镜寻找探测源。其主要科学目标包括：①亮星的系外行星搜寻（尤其是宜居带类地行星），揭开系外行星探测的新篇章；②亮星的光变与星震学研究。此外，还可能发现观测天区内亮于 14 等的机会源（包括超新星、伽马暴等）和变源（包括变星、掩食双星等）。

六、"太阳显微"计划

"太阳显微"计划拟对太阳进行高分辨或近距离多视角的多波段观测，研究太阳内部结构与演化、磁场起源、日冕结构与动力学、爆发过程的触发机制和粒子加速机制等基本物理过程。其科学目标紧紧围绕"一磁二暴"，试图回答太阳磁场的磁元本质、磁场的小尺度特征、耀斑的能量过程、CME 的源区特征等一系列重大问题。主要建议项目包括：DSO、太阳极区探测器（Solar POlar Region Explorer，SPORE）、超高分辨 X 射线望远镜（Super High Angular Resolution Principle for coded-mask X-ray imaging，SHARP-X）及太阳磁场和速度场分层结构探测器（Multi-layer Exploration of Solar Magnetic and Velocity field，MESMV）。

（一）DSO

DSO 科学目标为：研究太阳局部高分辨的磁场，不仅要获得 0.1～0.15 角秒的空间分辨率，而且要获得高精度磁场结构，从而实现对太阳磁元的精确观测，结合多波段观测，取得太阳物理研究的重大突破，并为空间天气预报提供重要的物理依据和新方法。其有效载荷包括：口径为 1 米的太阳磁场望远镜、多波段紫外望远镜、高能成像望远镜、日冕仪、射电探测仪及粒子探测器等。卫星计划发射到拉格朗日 L1 点，以达到长时间观测太阳的目的。

（二）SPORE

SPORE 拟在绕日极轨面运行，首次实现对太阳极区正面的磁场、速度场的光谱和成像观测，揭示太阳活动周运行机理，认识高速太阳风起源。其主要载荷包太阳磁像仪、大视场极紫外成像仪和极紫外光谱仪，以及局地磁场和粒子探测仪器等。

（三）SHARP-X

SHARP-X 拟首次实现太阳 X 射线亚角秒空间分辨率观测，研究加速源区耀斑的结构、演化、粒子能量分布、加速和传输机制。将使用伸展臂技术，将高精度、轻重量的编码板和 X 射线探测器阵列分离 20m 左右的距离，以实现对太阳 X 射线成像的亚角秒分辨率，X 射线探测器具有 100 eV 左右的能量分辨率。如果 X 射线原理样机能够得到充分的实验验证，SHARP-X 期望能赶上下一个太阳活动峰年发射运行。

（四）MESMV

MESMV 利用对太阳大气不同层次的高精度偏振测量，研究太阳的磁场和速度场，不仅要获得高空间分辨率的信息，也需要获得磁场和速度场分层结构的信息，从而深入理解太阳大气中物质和磁能从光球底部到日冕的传输演化过程，在太阳爆发机制和太阳活动区物理研究方面取得突破，为空间天气预报提供物理依据和新方法。MESMV 载荷包括口径为 0.2m 的太阳磁场望远镜、多波段紫外望远镜、高能成像望远镜和日冕仪等。卫星计划发射到拉格朗日 L1 点，以达到长时间观测太阳的目的。

七、"太阳全景"计划

"太阳全景"计划关注太阳局部高分辨观测的同时，注重太阳整体行为的研究，多波段联合诊断太阳变化规律，建立小尺度运动与大尺度变化的联系，在探求太阳爆发规律和变化机理的同时，为空间天气预报提供物理基础。其科学目标紧紧围绕"一磁二暴"，试图回答太阳磁场的起源、磁场的大尺度特征、耀斑的特性及与 CME 的关系、CME 的全球特征等一系列重大问题。主要建议项目包括：ASO-S、空间甚低频观测阵（Solar Radio Array at extremely Low Frequency，SRALF）、太阳磁场立体测量（Stereoscopic Polarization Imagers for Explosive Sun，SPIES）、太阳高能辐射与粒子探测任务（Solar Energetic Emission and Particle Explorer，SEEPE）和大面积太阳伽马射线谱仪（Large Area Solar GAmma-rar spectrometer，LASGA）。

（一）ASO-S

ASO-S 主要科学目标为：①研究耀斑和 CME 之间的相互关系和形成规律；②研究太阳耀斑爆发和 CME 与太阳磁场之间的因果关系；③研究太阳爆发能量的传输机制及动力学特征等；④在拓展人类知识疆野的同时，为空间天气预报提供理论基础。其有效载荷包括：全日面太阳矢量磁像仪（FMG）、太阳硬 X 射线成像仪（HXI）、莱曼阿尔法太阳望远镜（LST，包括全日面成像仪和近日冕仪）。目前，ASO-S 已进入空间科学先导专项"十二五"背景型号项目。

（二）SRALF

SRALF 旨在填补甚低频太阳射电天文科学空白，打开新的天文学探测窗口，以实现对从太阳附近到地球磁层空间附近的太阳风的连续观测，获得重大发现的机会，使我国在相关科学和技术领域处于国际先进地位。同时，研究宇宙线成因、银河电离氢特性、脉冲星、空间粒子流、AKR（Auroral Kilometric Radiation）等太阳系内射电现象等。

（三）SPIES

SPIES 拟在国际上第一次实现准确测量太阳的矢量磁场，从而有效推动国际太阳物理及相关领域研究水平的突破和空间环境监测及预报水平的飞跃性的进步，实现我国空间天文观测尤其是深空探测的跨越式发展。

（四）SEEPE

SEEPE 拟通过对太阳高能辐射及粒子的探测，研究耀斑加速粒子的机制、粒子的传输过程及高能辐射特性。将主要包含三个载荷：宽波段太阳高能辐射谱仪、太阳硬 X 射线偏振测量仪、太阳高能电子及高能粒子探测器。

（五）LASGA

LASGA 拟通过对太阳宽能段伽马开展高灵敏度和高能量分辨探测，研究耀斑加速高能电子和高能离子的物理机制和过程。LASGA 的几何面积为 $1600cm^2$，能量范围为 10keV~2.5GeV，能量分辨率 2.8%@662 keV。该项目拟在中国空间站上实施。

八、"链锁"计划

"链锁"计划致力于对日地整体联系中的关键耦合环境进行探测，研究空间天气事件的大尺度扰动能量的形成、释放、传输、转换和耗散的全过程和基本物理过程，认知太阳电磁辐射和高能粒子对全球气候变化的影响途径和机制。主要的建议项目包括 KUAFU、MIT 和 SPORT。

（一）KUAFU

KUAFU 系由"L1+极轨"的 3 颗卫星组成的一个空间观测系统：位于地球与太阳连线引力平衡处拉格朗日 L1 点上的 KUAFU-A 星和在地球极轨上共轭飞行的 KUAFU-B1、B2 星。3 颗卫星的联测将完成从太阳大气到近地空间完整的扰动因果链探测，包括太阳耀斑、CME、行星际磁云、行星际激波及它们的地球效应，如磁层亚暴、磁暴及极光活动。KUAFU 将实现对日地关系连锁变化过程的连续观测，揭示日地系统物质和能量的传输与耦合过程。作为一个国际合作计划，中国负责位于拉格朗日 L1 点的 KUAFU-A 卫星，国际合作伙伴负责 KUAFU-B1 和 B2 卫星。由于国际金融形势变化等无法预见及非技术因素，国际合作伙伴尚未落实，该计划目前处于暂缓状态。

（二）MIT

MIT 致力于揭示电离层向磁层的上行粒子流的起源、加速机制与传输规律，认识来自电离层和热层的物质外流在磁层空间暴触发与演化过程中的重要作用，了解磁层空间暴引起的电离层和热层全球性多尺度扰动特征，揭示磁层-电离层-热层系统相互作用的关键途径和变化规律。MIT 计划由 4 颗极轨卫星构成，2 颗电离层/热层星（ITA、IB）和 2 颗磁层卫星（MA、MB），对近地空间磁层、电离层和热层不同圈层的物质耦合进行探测。目前，MIT 已进入空间科学先导专项"十二五"背景型号项目。

（三）SPORT

SPORT 主要科学目标为：①揭示 CME 在内日球层的传播、演化、相互作用，特别是利用太阳极轨的观测视角来重构内日球层的三维整体动力学图像；②发现太阳高纬磁活动与太阳爆发、太阳活动周的因果关联；③研究太阳风高速流的起源和特性；④理解高能粒子在日冕和内日球层的加速、传输和分布等。SPORT 拟搭载成像类、粒子类、波场类的各类载荷，从太阳极轨的视角来观测 CME、高能粒子、太阳高纬磁场、太阳风高速流。目前，SPORT 已进入空间科学先导专项"十二五"背景型号项目。

九、"微星"计划

"微星"计划旨在探测太阳活动、行星际、地球磁层、辐射带和电离层、中高层大气，研究空间基本物理过程和空间天气建模与预报中的关键区域、关键过程、关键效应需要解决的科学问题。目前主要建议的项目包括：中国地磁卫星计划（Chinese Geomagnetic Satellite，CGS）、SMILE、空间子午链磁层空间天气监测微卫星星座计划（Meridian Chain Nano Satellites of Magnetosphere）、赤道电离层空间天气小卫星（Small Satellite for Equatorial Ionosphere）和地球磁场及辐射带高能粒子探测微纳卫星编队计划（Micro Satellite Fleet of Geomagnetic Field and Radiation Belt）。

（一）CGS

CGS 科学目标为：①提供全球高精度高分辨率的长时间尺度的矢量磁场数据，揭示地球外核动力学过程，为研究地磁发电机的机制提供基础支撑；②测量地幔感应磁场，对地幔电导率进行三维成像，研究核幔电磁耦合过程；③精确测量岩石圈磁场，研究地壳磁结构，为深部矿产资源开发提供支撑。CGS 由五颗卫星成网，构成一个星座，科学载荷包括磁通门磁强计、光泵磁强计和星敏仪。

（二）SMILE

SMILE 致力于首次实现对地球磁层的整体成像观测，揭示磁层大尺度结构及其对太阳风扰动的响应；实现对极光日侧和夜侧的同时成像，了解空间天气变化的宏观控制因素——开放磁通；揭示太阳风-磁层相互作用的整体联系和因果关系。主要载荷包括 X 射线成像仪、等离子体包、磁强计和极紫外极光成像仪。卫星主观测点位于磁层外，运行于莫妮亚类型椭圆轨道，远地点 20 Re，倾角 63.4°，设计寿命 3 年。目前入选中欧联合空间科学卫星任务，预计于 2021 年左右发射。

（三）空间子午链磁层空间天气监测微卫星星座计划

利用空间子午链磁场和高能粒子探测，24h 监测磁暴、亚暴、辐射带粒子暴，同时研究空间和地面磁场的整体联系行为，暴时辐射带动态演化过程。卫星星座由 8～10 颗重量为 20kg 位于 600km 的太阳同步轨道卫星组成。卫星均匀分布在午夜-正午子午面上。搭载两个科学载荷：磁强计和能量粒子谱仪。

（四）赤道电离层空间天气小卫星

揭示赤道电离层扰动与闪烁特性，认识赤道电离层的变化规律与机理，建立赤道电离层不均匀体及电离层闪烁的预报模式，为电离层通信与卫星导航定位的保障奠定基础。卫星位于倾角为 20°、高度为 800～1200km 的近赤道圆轨，有效载荷包括顶部测高仪和紫外光学照相机。有效载荷总重量为 15kg，总功耗为 30W。

（五）地球磁场和辐射带高能粒子探测微纳卫星编队计划

利用多点编队微卫星，突破以往单点卫星不能区分时空变化的限制，探测研究近地全球暴时空间电流系统，辐射带高能粒子随磁暴和亚暴的演化，完善近地空间电流系统模型，同时开展海洋环流和地球岩石圈的磁场异常探测研究。微纳卫星编队由 3～4 颗重量为 20～30kg 的自旋卫星组成。卫星轨道为倾角 90°的极轨，高度为 600～800km。卫星将搭载两个科学有效载荷：磁强计和高能粒子探测器。

十、"探天"计划

地基监测系统是利用多种观测手段，在子午工程为骨干网的地基监测的基础上向经、纬向延拓，形成棋盘式（或"井"字形）的地面空间环境监测网（子午工程Ⅱ期），并以子午工程为基础，中国的子午链向北延伸到俄罗斯，向南经过澳大利亚，并和西半球 60°附近的子午链构成第一个环绕地球一周的空间环境地基监测子午圈，从根本上改善我国对太阳、太阳风、磁层、电离层和中高层大气的空间环境的监测能力，形成覆盖我国主要航天和装备试验基地、重要城市和观测站点的地基监测网，具备中、小尺度分辨的监测能力，揭示我国上空空间环境的区域性特征及其与全球整体变化的关系。主要建议的项目包括空间环境地基综合监测网（Ground-based Space Environment Comprehensive Monitoring Network）——即子午工程Ⅱ期 (Meridian ProjectⅡ)，日地空间环境观测研究网络（Solar-Terrestrial Environment Research Network，STERN）和国际空间天气子午圈（International Space Weather Meridian Circle Program，ISWMCP）。

（一）Meridian Project Ⅱ

在原子午工程基础上，进一步建设监测我国大区域上空空间环境的空间环境监测系统，尤其是完善我国战略纵深西北部近 1/3 的国土面积、中西部地区、西南地震多发带、青藏高原、低纬电离层闪烁及蒙古地磁场异常等特殊环境的地基监测，并着重加强航天基地附近区域空间环境的监测。因此，在子午工程的基础上经反复缜密论证，Meridian ProjectⅡ将完善包括子午工程的 120°E 和 30°N 链路，同时新增 100°E、40°N 链路和低纬沿海电离层监测台站，覆盖我国大区域的地基综合监测，通过布局地磁（电）、光学、无线电等监测手段，共同组成空间环境地基综合监测网。

（二）STERN

台站分布从我国最北的漠河到我国大陆南端的三亚，经过东亚电离层异常区域及蒙古地磁场异常区域，以及电离层赤道异常区域和电离层 SQ 电流体系转向区域，是观测与研究众多地球空间物理现象的"黄金链网"。该网络在观测手段上综合了磁层、电离层、中高层大气、地磁和重力等多个学科的观测手段，并以漠河、北京、武汉、合肥、海南和羊八井等观测站形式，构成我国大陆南北跨度最大、布局合理的沿 120°经线分布为主的观测网，以网络连接手段实现对我国空间环境的实时监测与分析，并提供了高质量的我国空间环境观测数据。

（三）ISWMCP

以子午工程为基础，拟通过国际合作，将中国的子午链向北延伸到俄罗斯，向南经过澳大利亚，并和西半球 60°附近的子午链构成第一个环绕地球一周的空间环境地基监测子午圈。地球每自转一周，就可以对地球空间各个方向，包括向阳面和背阳面的空间环境完成一次比较全面的观测。国际子午圈计划建成后将实现：①协调全球空间天气联测及共同研究；②向全世界科学界提供可使用的观测数据；③支持基于空间天气科学攻关和观测所需的密切协作；④推动空间科学和技术的公众教育和科学普及。

十一、"火星探测"计划

"火星探测"计划拟以全球遥感、区域巡视和取样返回等探测方式，实现从全球普查到局部详查、着陆就位分析、再到样品实验室分析的科学递进。其总体科学目标包括：①研究确定火星着陆和生命存在的条件与地区。探测火星表面水（冰）及其存在信息、气候环境、地形地貌特征，研究火星演化史中水（冰）存在和改造的证据，确定火星表面水（冰）的存在和分布，探索火星生命信息及对现今和将来支持生命生存或居留的可能性；优选火星着陆探测的区域，详细研究着陆区的形貌、气候、地质和地球物理特征，理解火星的地质演化。②研究火星土壤特性及其水冰、气体与物质组成。探测火星土壤的成分、结构与分布，分析火星土壤中的水冰与气体组分，研究火星土壤的成因、表面气液流体与固体物质的相互作用和地质改造历史。③研究火星大气及气候特征。通过对火星电离层、中性大气、磁层探测及火星表面的气象观测，研究火星的大气组成与结构、太阳辐射与火星大气和物理场的相互作用、火星表面的气候特征，探讨火星大气圈的演化历史。④研究火星地质特征、演化与比较行星学。通过从整体、全局性的探测，到局部详细特征的分析，再到内部组成的研究，解析火星的表面过程、构造特征、地质单元和内部结构，研究火星的地质演化历史，并通过与地球、月球和金星等的对比分析，为地球尤其是地球环境的演化提供重要启示。

（一）火星全球遥感和区域巡视探测任务

火星全球遥感和区域巡视探测旨在实现对火星的表面形貌、土壤特性、物质成分、水冰、大气、电离层、磁场等的科学探测：①研究火星形貌与地质构造特征及其变化；②研究火星表面土壤特征与水冰分布；③研究火星表面物质组成；④研究火星大气电离层及表面气候与环境特征；⑤研究火星物理场与内部结构。包括轨道器和漫游器开展独立探测和天地联合探测。

（二）火星取样返回任务

火星取样返回任务旨在开展着陆点区域形貌探测和地质背景勘察，获取与火星样品相关的现场分析数据，建立现场探测数据与实验室分析数据之间的联系；在火星样品的分析研究方面，对火星样品进行系统、长期的实验室研究，分析火星土壤的结构、物理特性、物质组成，深化火星成因和演化历史的研究，开展比较行星学研究。

十二、"小行星探测"计划

"小行星探测"计划致力于以伴飞、附着、取样返回等探测方式，对近地目标小行星进行整体性探测和局部区域的就位分析。主要建议的项目为近地小行星探测任务：

近地小行星探测任务的科学目标为：①精确测定近地小行星轨道参数、自转参数和形状大小等物理参数，分析小行星的物理特性和地质特征，评估近地小行星撞击地球的可能性，为规避小行星撞击地球提供科学依据；②测量目标小行星的形状、大小、表面形态、自转状态等基本性质，绘制小行星的地形地貌图，建立其形状结构模型，研究其自转状态动力学演化、约普效应和表面形态成因；③获取小行星整体和局部形貌、矿物含量、元素种类、次表层物质成分、空间风化层、内部结构等，获取太阳系早期信息，研究小行星的形成和演化史，为太阳系起源与演化提供重要线索；④探测小行星次表层以下的有机物、水等可能的生命信息，深化生命起源的认识；⑤研究行星际太阳风的结构和能量特征；⑥获取小行星临近空间环境参数，研究太阳风对小行星表面的空间风化作用。

十三、"木星系统探测"计划

"木星系统探测"计划的总体科学目标主要包括：①研究木星磁层结构。获取轨道器环绕"木卫二"、木星捕获过程，以及捕获轨道到环绕探测工作轨道的转换过程中木星磁层等离子体与"木卫二"大气的耦合作用、感应磁场及其电流等数据，研究木星系统的磁层结构特性，并反演"木卫二"内部结构特性。②研究"木卫二"大气模型。获取"木卫二"的磁场、等离子体和大气的组分、密度、温度、风场、粒子辐射、电磁波动等探测数据，开展"木卫二"空间环境与大气演化模型的综合性研究。③研究"木卫二"表面冰层形貌及厚度。获取"木卫二"表面形貌、矿物组成和微波等探测数据，分析其地形地貌、地质构造和地下物质组成特性，研究其冰层厚度及其演化特性。④研究金星-地球-木星间的太阳风结构。通过金星的借力飞行，获取金星-地球-木星间的太阳风等离子体随时空变化的探测数据，研究金星-地球-木星间的太阳风结构及其演化过程。⑤研究地球生命的地外生存状态及其演变特性。开展木星系统探测器在行星际飞行期间及木星系统探测期间的微型遥测遥控生物实验，观测并研究地球生命在不同空间段的生命状态、适应性反应及其变化过程。初步方案为：以环绕探测方式，重点对木星磁层结构、"木卫二"的大气和冰层、行星际空间环境等进行探测，并进行地球生命的地外生存演变特性的观测。

十四、"水循环探测"计划

水循环是水在太阳辐射、地球引力和其他能量作用下周而复始循环的动态转化过程，是地球三大循环系统（水、能量、生物化学）中最为活跃的物质循环过程。"水循环探测"计划旨在研究水循环在连接水圈、大气圈、冰冻圈、土壤圈、生物圈、岩石圈之间及其内部物质和能量交换，以及生物化学过程条件中所发生的枢纽作用、机制及规律。因此，水循环研究也成为水文气候学、水文气象学、地球生物学、水文生态学、水文地貌学、生态地貌学和地球表面动力学等相关学科的中心和基础。深刻认识水循环的特征和科学规律是带动整个地球系统学科发展的至关重要的龙头问题。

在水循环关键参数遥感观测领域，未来将要发射的卫星有多参数联合观测水循环卫星、高时空分辨率降水卫星、测冰卫星、海洋卫星等。未来水循环观测战略的主要挑战是从单一变量水循环仪器到多变量综合水循环仪器的进步。协调水循环观测需要大型微波天线的创新技术，可以通过同时多谱段主动和被动微波结合获得总体观测效果。技术开发所需的关键要素是支持先进的多变量反演方法。

（一）WCOM

WCOM 致力于实现对地球系统中水的分布、传输与相变过程的机理及水循环系统的时空分布特征认识上的突破；实现对历史观测数据和水循环模型的改进，揭示全球变化背景下水循环变化特征，深化理解水循环对全球变化的响应与反馈作用的科学规律等。通过对全球水循环系统开展多波段、多极化、主被动联合的高精度观测，实现对于水循环关键要素包括土壤水分、雪水当量、地表冻融、海面盐度与蒸发、大气水汽和降雨等的综合观测。目前，WCOM 已进入空间科学先导专项"十二五"背景型号项目。

（二）水循环通量地球静止卫星

高时空分辨率的降水和蒸发观测对认识水和能量循环至关重要，卫星对降水的观测技术虽然比较成熟，但主要问题在于提高时空分辨率及区分降水/降雪。目前卫星还不能对蒸散发进行直接观测，只能通过观测与蒸发相关的状态和过程来进行蒸发估计。水循环通量地球静止卫星的科学目标为：提高蒸发估计的准确性，利用大气边界层模型中进行同化的技术，将观测和模拟结合起来产生具有一致性的海洋和陆地蒸发估计。

十五、"能量循环探测"计划

太阳辐射能量和地球系统红外能量收支决定着地球系统主要分量（大气、海洋、冰雪和生态）的运动和变化，其中大气中的云对天气气候变化有重要的调节作用，云与辐射、气溶胶复杂的相互作用过程对气候变化也有重要的调节作用。然而，全球辐射、云和气溶胶的时空分布和变化过程的观测数据缺乏，导致气候变化研究和预测存在很大不确定性。

建议的卫星任务包括：全球云-气溶胶-辐射监测卫星、基于拉格朗日L1/L2 点特殊位置的地球辐射气候监测站任务、月基全球变化探测计划、热层大气探测纳卫星任务、临近空间大气研究卫星任务、大气金属层激光探测研究卫星任务。

（一）全球云-气溶胶-辐射监测任务

全球云-气溶胶-辐射监测拟采用 700～800km 高度的极轨轨道全球云-辐射监测卫星，对全球云、气溶胶的三维空间分布及大气顶的辐射的观测，提高对其相互作用过程及其气候效应的科学认识，改进气候和天气数值预报模式中气溶胶、云和辐射相互作用的描述或表达，从而提高天气预报和未来气候预测的水平。有效载荷包括云-气溶胶激光雷达、多角度光谱-偏振仪和云雷达。

（二）基于拉格朗日 L1/L2 点特殊位置的地球辐射气候监测站任务

地球系统变化的主要驱动力来自于太阳能量，全球和局地太阳能与红外热辐射出射的收支状况总体上决定了全球和区域气候及其变化。长期精确地监测全球辐射能量的收支，对于地球系统科学/全球变化研究十分重要。本项目拟通过在拉格朗日 L1/L2 点安放卫星，建立太阳和地球表面辐射收支的完全连续监测，实现高精度的地球辐射收支测量，提供已有卫星观测无法获得的真正同时的全球观测资料，增强对地球气候系统过程的了解。

（三）月基全球变化探测计划

为满足对地观测、对大尺度全球变化现象进行整体实时观测的需求，需要在现有平台的基础上进一步考虑新的载体平台，以在全球尺度上观测地表环境变化。月球是地球唯一的天然卫星，同时也是一个开展全球变化观测的理想平台。随着各国登月计划的相继开展和高空间分辨率对地观测能力的大幅度提升，在月球上布设传感器观测地球以开展全球变化方面的研究已经可行。月基对地观测具有星基、地基无可比拟的优点，可以作为已有对地观测方法的有效补充，实现优势互补。

（四）热层大气探测纳卫星任务

热层大气探测纳卫星旨在实现对热层大气密度、电离层闪烁的探测，揭示热层大气与电离层结构及其相互作用过程。采用 LEO 低轨道（高度为 300～600 千米）Cubesat 小立方体纳卫星，轨道倾角 73°，搭载 GPS 接收机。

（五）临近空间大气研究卫星任务

临近空间大气研究卫星旨在探索临近空间与全球变化的关系，包括：

①利用临近空间对气候变化的敏感特性，辨别人类活动和自然因素在气候变化中的作用；②发现和揭示气候信息通过临近空间传播影响空间环境的现象和机制；③探索和发现太阳活动及空间天气通过临近空间对气候可能影响的途径等。有效载荷包括 FPI（Fabry-Perot Interferometer）风场干涉仪、多通道红外临边探测仪、紫外临边成像光谱仪、气辉重力波成像仪、全球导航卫星系统（Global Navigation Satellite System，GNSS）掩星探测仪等。

（六）大气金属层激光探测研究卫星任务

大气金属层激光探测研究卫星旨在揭示中间层和低热层（Mesosphere and Lower Thermosphere，MLT）大气结构和动力学特征，探索 MLT、宇宙尘埃与气候变化之间的关系，包括：①刻画全球 MLT 温度变化特征及其与气候变化的关系；②揭示大气金属层特征及其与宇宙尘埃的关系；③获取MLT 暂态结构和大气动力学的新知识等。拟采用两颗小卫星组成的星座系统，搭载空间微流星体探测仪、钠激光雷达、大气激光掩星探测仪、金属层气辉成像仪、星载 F-P 测风仪。

十六、"生物化学循环探测"计划

陆地和海洋生态系统，通过光合作用、呼吸作用、分解及伴随干扰如火灾而发生的碳释放和吸收，在全球碳循环中发挥着关键的作用。世界生态系统受到各种人为造成的压力，包括气候变化，大气和海洋的化学变化，剧烈风暴、干旱和洪灾发生频率的变化，以及土地覆盖、土地利用和海洋利用的变化。现有模型的主要不确定性之一是未来海洋吸收 CO_2 的能力，同时，全球变暖陆地生态系统的功能是未知的。变暖本质上改变着水平衡，即使对降水没有改变，但它改变了水的供应、生长期的长度、对包括火灾和虫灾的扰动的敏感性，以及随之而来的生态系统功能和服务方面的一系列后果。"生物化学循环探测"计划旨在：①研究陆地及海洋、生态系统所发生的碳释放和吸收对全球碳循环的影响；②通过观测碳循环、土壤水分和植被结构，对生态系统的关键功能进行研究。

生物化学循环参量观测需要保持和增强对生态系统属性记录的连续观测；观测偶发和极端事件，如火灾、虫灾和疾病爆发的时间和地点；通过观测碳循环、土壤水分和植被结构，记录关键的生态系统功能。建议的科学卫星任务包括：激光雷达碳测量和高光谱生物化学卫星任务。

（一）激光雷达碳测量卫星

激光雷达碳测量卫星旨在实时地描述区域空间尺度上的 CO_2 源和汇的特性。有效载荷包括：激光探测仪，主要由 CO_2 和 O_2 的同步激光遥感组成，并补充 CO 传感器和甲烷传感器，测量 CO_2 混合比、CO 浓度及甲烷浓度。同时，激光雷达配合干涉合成孔径雷达可以同时测量生态系统结构（植被高度和冠层结构）和生物量。

（二）高光谱生物化学卫星任务

气候和土地/资源利用，通过改变物质、能量通量和从长远来看通过改变物种及生态系统类型的分布，会对生态系统产生影响。该任务的科学目标为：利用高光谱技术量化生态系统变化，研究气候和土地利用对陆地和沿海系统的影响。

十七、"轻盈"计划

"轻盈"计划研究微重力流体物理基础科学问题、与空间探索活动相关的应用及应用基础微重力流体物理问题，以及微重力流体物理学科交叉性问题。主要项目包括"微重力流体物理"科学实验卫星计划、"微重力流体物理"探空火箭计划和"微重力流体物理"抛物线飞机计划。

（一）"微重力流体物理"科学实验卫星计划

利用返回式或非返回式科学实验卫星开展具有微重力水平要求较高（如优于 $10^{-4}g$ 或 $10^{-5}g$ 微重力水平）的流体物理科学实验，或开展带有对空间站载人环境不利的流体实验工质实验研究课题。建议开展以下微重力流体物理空间实验研究：①复杂毛细现象与界面动力学，空间流体相变与相变传热，复杂流体体系的聚集相变过程；②复杂流体系统（溶质扩散，胶体流体，颗粒介质动力学），空间应用两相流体热、质传输规律；③空间电场、磁场等作用下的流体物理规律，生物流体物质输运规律。

（二）"微重力流体物理"探空火箭计划和"微重力流体物理"抛物线飞机计划

探空火箭可提供 $3\sim15min$ 的微重力实验环境，微重力水平可达 $10^{-4}g$，是一个低成本的较高微重力水平的实验平台。利用抛物线失重飞机开展 20～30s 和微（低）重力水平（10^{-1}～10^{-3}g）环境下的、可重复的流体输运过程和动力学基础研究及流体试验技术验证，研究将要在科学实验卫星、飞船或空间站上开展的复杂流体实验的科学实验方案和实验诊断与控制技术的预先研究课题。计划利用探空火箭和失重飞机开展以下主要方向上的微重力流体实验项目：①短时流体界面现象与流体动力学过程特性；②空间应用两相流、传热机理与先进实验技术研究；③复杂流体过程中的重力效应实验研究。

十八、"轻飔"计划

"轻飔"计划研究微重力环境下的材料相变、晶体生长与材料形成等过程，以及微重力环境下凝聚态体系的物理、化学性能及变化过程和规律。主要项目包括"空间材料科学"系列返回式卫星计划、"空间材料科学"抛物线飞机计划和"空间材料科学"探空火箭计划。

（一）"空间材料科学"系列返回式卫星计划

与其他空间飞行器相比，返回式卫星（宇宙飞船）执行空间材料科学实验具有其独到的优势，即使在空间站时代，返回式卫星（宇宙飞船）依然是空间材料科学实验研究的一种优势甚至是一种不可替代（可飞到远离地球的 2000～3000km 或更远的太空）的平台。计划使用我国自己的卫星或采取国际合作途径考虑以下主题型实验研究：①生长界面稳定性和形态演化；②深过冷与非平衡相变；③晶体生长、凝固过程中的形态与缺陷控制。

（二）"空间材料科学"抛物线飞机计划

"空间材料科学"抛物线飞机既可以使用为卫星、飞船或空间站上的材料科学实验而发展的实验装置，也可以考虑建立一种相对低成本的、可重复使用的微（低）重力材料科学实验装置或平台，选择适合利用 30s 左右的微（低）重力水平开展材料形成或加工过程的研究，或者进行适用于长微重力实验时间的装置研制验证、实验方案或过程的验证和筛选试验。相对于在卫星、飞船或空间站上的材料科学实验来说，在抛物线飞机上的实验非常容易做到研究人员亲临现场的操作、监控和观察，也包括易于携带辅助设备。可以用抛物线飞机开展预先或验证性研究，特别合适的研究方向包括：①熔体的深过冷非平衡相变与热物理性质测量；②颗粒物质的运动动力学；③尘埃等离子体聚集与相变；④晶体生长过程的实时观察。

（三）"空间材料科学"探空火箭计划

由于探空火箭一般为无控制方式飞入近地空间，具有结构简单、成本低廉、发射方便（10^{-5}g）等优点，深受欧洲和日本微重力科学研究界的欢迎。对于空间材料科学实验，原则上能用在抛物线飞机上进行的实验，都可以在探空火箭上进行，包括实验方案、载荷的功能和性能验证。但由于探空火箭上的空间和能源等限制、人无法直接参与及数据等信息无法直接大量传输等方面的困难，对实验用载荷的技术要求要比在抛物线飞机上高得多，适合于用类似在卫星或无人宇宙飞船上使用的载荷进行实验。可以用抛物线飞机开展的预先或验证性研究内容，也适合在探空火箭上进行，特别合适的优先研究方向包括：①以 X 射线形貌透视技术为基础的晶体生长过程的实时观察与技术验证；②基于电磁悬浮无容器加工技术熔体的深过冷非平衡相变与热物理性质测量与技术验证；③高温自蔓燃高温合成材料；④尘埃等离子体聚集与相变。

十九、"轻焰"计划

"轻焰"计划研究湍流燃烧机理、煤燃烧和传热过程及相关机理，进行航天器防火安全研究。主要项目包括"微重力燃烧"科学实验卫星计划、"微重力燃烧"抛物线飞机计划和"微重力燃烧"探空火箭计划。

（一）"微重力燃烧"科学实验卫星计划

利用科学实验卫星提供的高微重力水平环境，并考虑卫星科学实验载荷无人操作、配置灵活等特点，建议系列科学实验卫星上开展如下微重力燃烧实验研究：①火焰熄灭特性和灭火过程，扩散火焰中炭黑生成机理，液滴燃烧；②固体燃料燃烧，煤燃烧和传热过程，湍流火焰熄灭过程和极限条件；③液体燃料雾化和燃烧，湍流扩散火焰特性和瞬态响应。

（二）"微重力燃烧"抛物线飞机计划

利用抛物线失重飞机提供的短时间微重力条件可开展相当数量的燃烧实验，其提供的低重力和变重力条件也使不同重力环境中的燃烧实验研究具备了可能性。计划利用抛物线飞机开展：①微重力和低重力燃烧基础研究；②空间站和科学实验卫星等空间燃烧实验装置的技术验证、实验方案和过程验证，以及关键实验参数验证和优选；③基于激光和图像的燃烧测量技术、激光吸收光谱的燃烧多参数诊断等微重力燃烧实验关键技术的研究和验证。

（三）"微重力燃烧"探空火箭计划

大部分的微重力燃烧实验均可利用探空火箭来完成，该平台还具有实验成本较低、微重力水平较高等优势。计划利用探空火箭开展以下主要方向上的微重力燃烧实验项目：①燃烧基础研究，内容包括液体燃料雾化和燃烧、微重力条件下湍流扩散火焰特性、固体材料着火和燃烧（包括闷烧）、固体材料燃烧产物输运特性等。②空间站和科学实验卫星等空间实验的预先研究及微重力燃烧实验技术研究和验证。

二十、"空间基础物理"计划

（一）QUESS

QUESS 拟通过建立卫星与量子通信地面站之间的量子信道完成一系列具有国际领先水平的科学实验任务，主要科学目标为：①进行星地高速量子密钥分发实验，并在此基础上进行广域量子密钥网络实验，以期在空间量子通信实用化方面取得重大突破；②在空间尺度进行量子纠缠分发和量子隐形传态实验，开展空间尺度量子力学完备性检验的实验研究。QUESS 计划于 2016年发射。

（二）"冷原子物理"计划

建立超冷原子物理的实验平台：在我国空间站可以获得地面无法达到的 10^{-12}K（pK）量级的超低温，进而在卫星的微重力为 10^{-6}g 的条件下，获得更低的 10^{-15}K（fK）量级的超低温，建设具有超低温、大尺度、高质量及适合长时间精密测量的玻色与费米量子简并工作物质的开放实验平台。在该平台进行一系列极端条件下的超冷原子物理实验，如量子相变实验、极化分子实验、拓扑量子体系实验等。

1. 量子相变实验研究

量子相变实验研究旨在利用多维光场与皮开尔文（pK）到飞开尔文（fK）温度冷原子体系构成的强关联多体量子系统，观察量子相变。计划利用飞开尔文（fK）温度系统及多维光晶格结构，制备新奇量子物质。实验需要特殊光晶格结构激光器，如实现 Kagome 光晶格需要特殊设计激光的构型，以获得所需的光场。研制高功率稳定的 1064nm 波长单纵模光纤激光器也是其中的关键技术。

2. 低温极化分子实验研究

低温极化分子实验研究旨在产生皮开尔文（pK）到飞开尔文（fK）量级温度极化分子。初步方案为：获得皮开尔文（pK）和飞开尔文（fK）温度的费米、玻色简并气体，利用激光获得极化分子。要产生分子，需要将波长为 970nm 和 690nm 两分子拉曼激光进行锁相，由于频率相差为 280nm，一般采用飞秒光纤光梳进行锁相，因此需要研制空间光梳。分子拉曼激光和铷、钾激光，由于温度、湿度和灰尘等影响，激光的中心频率会随时间漂移。铷、钾激光及分子拉曼激光中心频率的漂移会影响分子产生效率。为此，研究四种激光的频率锁定十分重要。这样在实验中就可以通过光阱蒸发冷却的方法先将铷原子与钾原子冷却到飞开尔文（fK），然后通过拉曼激光的方法，将分子从高激发态转移到振动基态能级，实现飞开尔文（fK）量级温度基态极化分子。

3. 拓扑量子计算研究

拓扑量子计算研究旨在产生（pK）皮开尔文到飞开尔文（fK）量级温度拓扑量子系统。初步方案为：获得皮开尔文（pK）到飞开尔文（fK）温度的费米简并气体，利用激光获得拓扑量子系统。拓扑量子计算是利用光晶格构成拓扑保护的新型量子存储结构，实现量子存储及量子计算操作的新结构。激光器需要高稳定的 850nm 波长激光器，构成拓扑结构的量子光场。利用飞开尔文（fK）温度的费米简并气体，实现长寿命、消相干的拓扑量子计算操作。

（三）"高精密时频"计划

建立空间高精度时频系统：包括高精度锶光钟（不确定度优于 10^{-18}，理论极限 10^{-20}）、高精度铷原子或铯原子微波钟（不确定度 10^{-16}，理论极限 10^{-17}）及高精度时间频率传递系统，以此为基础，开展一系列的空-地时频传递和基础物理实验，如检验相对论效应实验、验证引力红移与速度红移预言、测量基本常数的时-空依赖性实验等。

1. 高精度时频空地双向传递实验

高精度时频空地双向传递实验旨在实现高精度时频空地双向传递。初步方案为：利用高精度锶光钟（不确定度优于 10^{-18}）加高精度铷原子或铯原子微波钟（不确定度优于 10^{-16}）及氢钟，与地面站的高精度锶光钟（不确定度优于 10^{-18}）加高精度铷原子或铯原子微波钟（不确定度优于 10^{-16}）及氢钟，进行高精度时间频率（微波或光波）传递。

2. 检验相对论的实验

检验相对论的实验旨在精密测量相对论时间膨胀（原子谱线的引力红移和速度红移），引力红移的测量比已经实现的测量精度提高了 250 倍，比 ESA 将在 ISS 执行的 ACES 计划的预期精度提高 10 倍。测量精细常数与时间的关系，在 10^{-18} 量级寻找其细微变化，比现在和 ACES 预期的测量精度提高 10 倍，寻找（双程平均）光速的各向异性。

3. 检验大统一理论预言

检验大统一理论预言旨在超越相对论的大统一理论模型预言的基本物理常数对空间位置的依赖，以及对质量体的标量荷种类的依赖。这种依赖性使得原子光谱的频率与空间位置和物体的成分有关。高精度原子钟的实现使得在更高的精度上检验这些理论成为可能。

（四）"低温凝聚态物理"计划

量子相变指在极低温条件下，由温度引起的自由能变化可忽略，主要是由海森堡测不准原理的量子力学基本规律决定的相变。在空间微重力条件下进行低温量子相变实验，对基础凝聚态物理中的量子相变有重要意义。本书结合超高压、极低温和微重力条件，开辟奇异量子科学问题新的研究路线，在空间微重力条件下加压实现液化和固化，实现压力驱动的匀质结晶体系磁性和超导的量子相变的实验方法，以期将来能推广应用到研发金属氢中。

压力调控的量子相变综合实验研究。旨在综合不同压力条件的电阻温度曲线上的奇异点，绘制样品的压力温度相图，分析样品在微重力条件下的物性变化与已知地面实验结果和理论的异同。将气态样品在地面上密封之后，装入实验平台带入空间微重力环境，经过一定时间气态样品重新均匀分布，即消除地面重力对样品的影响后，接着对其施加一定的压力。利用光谱系统对压力进行测量，在固定压力的条件下，升降温度，并对样品的电阻信号进行记录。突破和掌握开展空间研究氢-氧体系的压力驱动的量子凝聚现象的专用实验技术和原位检测分析方法，研制一套适用于在空间站开展量子凝聚研究的高压低温实验平台，以满足我国空间极端条件凝聚态物理实验的需求。

（五）"相对论与引力物理"计划

开展高微重力水平下等效原理实验检验及引力定律的实验研究，通过对物理理论的基本假设和高精度检验来寻找新的基本相互作用力。

1. 检验引力定律

检验引力定律旨在在近距离尺度寻找新型引力相互作用存在的可能证据。初步方案为：利用弱力测量技术测量两物体之间的引力与二者之间距离的变化关系，从而检验引力是否偏离牛顿平方反比定律。非牛顿引力的检验主要由非牛顿引力吸引质量和检验质量、弱力测量装置、微位移驱动和定位装置组成。检验质量和吸引质量的材料选用密度大的金或钨，检验质量和吸引质量之间的距离小于 20μm，通过精密的微位移驱动和定位装置周期改变检验质量相对吸引质量的位置。弱力测量采用高精度静电悬浮加速度计来实现。

2. 宏观旋转物体新型等效原理实验检验

宏观旋转物体新型等效原理实验检验旨在寻找物体自转与引力场之间的相互作用力，设计精度达到 10^{-14}。初步方案为：在科学卫星上携带两个或多个陀螺-加速度计，其中有的陀螺转子高速自转，而另外的陀螺转子无自转或缓慢旋转。实验测量转动陀螺与非转动陀螺在地球引力场中自由落体的加速度差；非零结果意味着自转物体比无自转物体在地球引力场中经受了牛顿引力之外的新型引力的作用。

3. 基于光学传感的空间等效原理检验（Test of the Equivalence Principle with Optical-readout in Space，TEPO）

旨在在 10^{-16} 精度上检验等效原理，采用激光干涉测量不同物质组成成分两个物体在地球引力场中的自由落体加速度差（精度优于 10^{-16}）来检验弱等效原理是否成立。

4. 冷原子干涉仪弱等效原理实验检验

冷原子干涉仪弱等效原理实验检验旨在用微观粒子检验弱等效原理是否成立，设计精度达到 10^{-15}。为了实现铷-87、铷-85 双组分冷原子干涉等效原理检验实验，首先需要将原子放置在一个高真空的腔体中，而后通过一系列的激光与磁场操作，实现两种原子的同步捕获、初步冷却、囚禁、态制备、转移到光偶极阱、进一步蒸发冷却，从而将原子的温度降低到纳开尔文（nK）量级，再使用三个双拉曼激光脉冲与这两团超冷原子作用，分别实现其分束、反射与合束，并最终形成干涉。最后通过激光诱导荧光的方法分别测量两种原子的荧光信号，提取出干涉条纹的相位信息。

5. 检验广义相对论预言的磁型引力效应

用空间激光干涉仪测量磁型引力场在激光回路中产生的时间延迟，使用两颗卫星构成该激光回路，二星的间距待定。地球和月球的磁型引力场将使该激光回路产生周期性时间延迟，可通过激光通信记录这种时间延迟效应。对于电型引力场引起的 Shapiro 时间延迟效应，由于其与磁型引力时间延迟的行为具有很大的差异并且不依赖于光路的方向，因此易于在后期数据处理时加以剥离，甚至通过合理设计光路于测量时直接扣除其主要的影响。

二十一、"腾云"计划

研究空间特殊环境下的生命活动现象、过程及其规律，研究地球生命在地外的表现形式。

（一）"生命科学"系列返回式卫星计划

利用返回式卫星进行生命科学实验，主要是考虑空间生命科学实验需求。生命科学实验绝大多数都需要将实验样品回收分析，相当一部分实验所需要的实验周期在 1～3 周，这些共性特点都比较适合返回式卫星。因为空间站适合于相对长期的实验，实验样品的返回需要依赖于飞船或航天飞机一类的航天器，后者作为运输工具由于有人员载荷，实验设备和样品载荷容量有限。因此，相对于其他空间飞行器，返回式卫星执行空间生命科学实验具有其独到的优势。

尽管未来基于空间站，完善、开发空间生物样品在线分析技术而可能减少样品返回的数量或次数，这也是技术发展的趋势，但从生物学样品分析需求的复杂程度、目前的技术水平和空间实验技术发展所需要的时间及费用成本等几点综合考虑，在未来 10～20 年，甚至更远的时间内，返回式卫星都将不失为空间生命科学实验研究的优势平台。因此，对于空间生命科学研究，规划系列返回式卫星计划是十分必要的。

生命科学实验返回式卫星，可以根据实验样品的典型类型及其对环境条件的需求分为两类：一类是细胞、组织，以及生物大分子和微生物、昆虫、藻类等较小尺度，以一定的环境可控的密闭空间可以容纳的生物样品（暂称为 I 型）；一类是小型植株、小型动物，以及相对复杂的小型生态系统等尺度相对较大，且需要组合空间单元承纳的生物样品

（暂称为Ⅱ型）。

两类型号主要区别在实验平台，前者对于每一类样品可能对应于一个相对独立的实验单元，后者属于相互关联的实验单元组合。生命科学实验返回式卫星应具有整体密封舱，舱内提供公用气体环境。

Ⅰ型平台主要用于动植物细胞、组织，以及生物大分子和微生物、昆虫、藻类的空间重力生物学、空间辐射生物学、空间生物力学、空间亚磁生物学等研究领域。

Ⅱ型平台主要用于小型动、植物，以及小型生态系统的空间生命科学实验研究，并针对航天医学和生理学基础及人工生态环境领域。

（二）"生命科学"探空火箭计划

"生命科学"探空火箭的任务是将实验生物样品送到高空，研究超重、失重、高空弹射、宇宙辐射等因素对生物机体主要生理功能的影响，为空间生物学研究、载人航天的生活舱和生命保障系统提供设计依据。生物火箭研制的关键是解决密封生物舱、生命保障系统和数据获取系统等工程技术问题。生命保障系统要能保证生物舱内有适宜于生物生存的良好环境条件。舱内压力为 0.1MPa（1atm），温度为 15～25°C，舱内 O_2 浓度、CO_2 浓度、相对湿度接近地面大气水平。

目前，我国拥有的火箭种类有自旋火箭、微重力火箭。这项计划的目标是利用我国已经研制的探空火箭，搭载实验生物舱，利用遥测、遥控、传输、回收技术，研究动物、植物、微生物及相关组织、器官和细胞，对在轨飞行不同飞行高度、时间、真空度、温度、微重力、辐射、磁场变化等空间环境因子所引起的效应进行研究，为人类生存健康、发展空间生物科学技术提供科学依据。

基于生物火箭的科学目标，搭载实验的任务目标是利用我国自主生产的探空火箭，设计先进的火箭搭载生物实验舱，尽可能提供在一个适合生长的环境中，充分感受空间环境作用，最大限度地获得生物功能形状产生变异的生物学效应，为人类生存健康、发展空间生物科学技术提供科学依据。

（三）"生命科学"抛物线飞机计划

利用抛物线飞机进行生命科学实验，主要是考虑建立一种相对低成本的、可重复使用的微（变）重力生命科学实验平台，并开展一些分钟以下时间量级的生物学过程研究。空间站、飞船及卫星实验平台代价高昂，资源紧缺。为充分利用空间实验资源，必须对实验方案有足够预先研究。然而单纯的地面模拟实验条件很难再现空间的实际物理条件，特别是重力条件。抛物线飞机可以提供一种相对低成本而又接近空间实验条件的实验平台，用于一些短时生物学过程研究，并可用于对空间站、飞船或卫星实验平台实验方案的预先研究和方案筛选。

抛物线飞机同样需要研制公共实验平台和单元载荷。生命科学对于抛物线飞机的需求，基本上是基于抛物线飞机舱内环境的实验平台研制。这类平台应是可以更换的，以便抛物线飞机可以得到充分利用，同时也可用于其他学科的实验研究。因此，生命科学抛物线飞机计划应充分考虑其他学科的需求，共同制订计划和公共平台方案。

二十二、"桃源"计划

"桃源"计划旨在探索地外生命和智慧生命，研究普适的生命起源、演化与基本规律。主要考虑"木卫二"或"土卫二"科学探测计划，有计划地选择太阳系行星（木星或土星）可能存在冰壳和地下海洋及大气层的卫星为探测目标，利用着陆器和巡视器取样在线分析探测大气、冰壳及海水中可能存在的生命物质或形式。利用微型化的拉曼光谱、荧光技术和基因芯片技术对"木卫二"大气、冰壳和海水就地检测分析构成蛋白质分子的主要成分，色氨酸、酪氨酸等分子信号和极端微生物的生命形式。测定生命在木星样品里可能的特征和特性，测定原位或被送回地球的地外样品，遥测行星大气层和表面，鉴别远距离技术获得的生物信号。

二十三、"载人航天工程"科学计划

我国载人航天工程规划了空间生命科学与生物技术、微重力流体物理和燃烧科学、空间材料科学、微重力基础物理、空间天文、空间物理与空间环境、地球科学及应用等 8 个领域 31 个主题的空间科学研究和应用，计划开展数百项空间科学研究项目。其中，在空间生命科学和生物技术领域，将开展空间基础生物学研究、空间生命科学的前沿和交叉研究、空间生物技术和应用研究、空间辐射生物学研究，以及先进空间生态生命支持系统基础性研究。在微重力流体物理和燃烧科学领域，将开展微重力流体动力学、两相流、相变传热及其应用研究，以及燃烧科学与应用研究。在空间材料科学领域，将开展微重力下材料制备过程机理研究、重大战略需求材料制备与研究，以及空间环境下材料的使役行为研究。在微重力基础物理领域，将开展空间冷原子物理研究、相对论与引力物理及其技术研究、高精度空间时间频率系统及其应用研究，以及低温凝聚态物理实验研究。在空间天文领域，瞄准"一黑"（黑洞）、"两暗"（暗物质、暗能量）、"三起源"（宇宙起源演化、天体起源演化、地外生命起源）等前沿重大基础科学问题，以巡天观测为主要方式开展多色高精度测光与光谱巡天、暗物质粒子和宇宙线探测研究、天体变源和爆发现象探测研究、空间天文新技术研究等。在空间地球科学与应用领域，将开展与全球变化相关的地球科学研究、新型对地观测遥感器及应用研究、环境资源和自然灾害研究及应用研究。在空间物理与空间环境领域，将开展空间环境预报和监测，以及空间物理探测研究。

（一）空间实验室阶段

利用"天宫二号"空间实验室开展地球科学观测及应用、空间生命科学和微重力物理、空间天文等领域的科学实验任务，在相关领域取得一批重大创新成果，在冷原子物理、量子密钥传输等方面达到国际领先水平，推动应用成果的示范和产业化。

利用"天舟一号"货运飞船开展空间生命科学和微重力物理领域的科学实验任务，在相关领域取得重要创新成果。

（二）载人空间站建造阶段

在载人空间站核心舱、实验舱 I、II 和光学舱上规划了多功能光学设施、量子调控与光传输研究设施等重大研究设施和 10 余个支持各领域空间科学实验开展的科学实验柜，以及若干独立载荷和先进的信息系统，预计在空间科学前沿探索和基础性研究方面做出一批具有国际影响的重大发现，推动我国空间科学整体水平的提高。

第三节　至 2030 年中国空间科学
发展路线图

至 2030 年，按照空间天文、空间太阳物理、空间物理、太阳系探测、空间地球科学、微重力科学、空间基础物理、空间生命科学等领域划分，中国空间科学发展路线如图 6-1 所示。

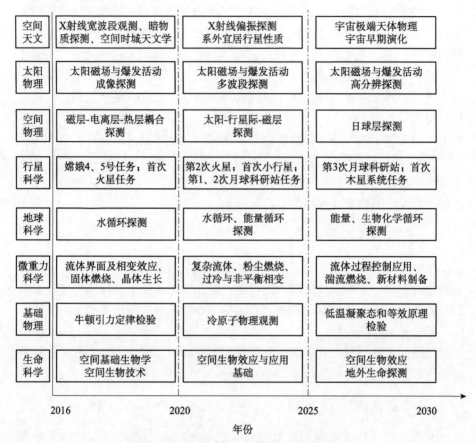

图 6-1 至 2030 年的中国空间科学发展路线图

资料来源：CAS/NSSC

第四节 计划实施的方式

实现空间科学的长期可持续发展，需建立合理的机制，并采取适当的方式组织实施，才能将规划变为现实。"十二五"期间，空间科学先导专项建立了从战略规划到预先研究、背景型号，再到卫星工程立项论证与研制、科学运行和产出评估的管理链条（图6-2），对空间科学卫星计划实施方式进行了有益的探索，同时也为未来空间科学的发展奠定了较好的基础。

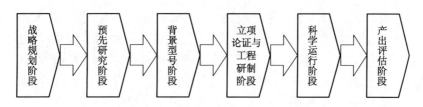

图 6-2　空间科学卫星计划的实施链条

来源：CAS/NSSC

一、持续开展空间科学发展战略与规划研究

组织国内各研究机构、科学家开展持续的空间科学发展战略规划研究。对国际各主要空间国家（组织）空间科学领域的前沿科学问题、最新科学发现、发展战略与趋势进行跟踪调研，分析国内空间科学的发展现状，提出我国空间科学拟研究的科学问题与发展切入点，制定发展目标，提出为解决上述科学问题所需要的空间科学计划与卫星任务建议，拟定中长期发展路线图，并明确所需发展的支撑技术。

二、部署预先研究项目，孵育创新思想，开展前瞻技术预研

根据战略规划，分批滚动部署空间科学预先研究项目集群，对未来的空间科学卫星计划和必需的关键技术进行先期研究，开展创新性卫星任务概念研究、前瞻技术预研和关键技术攻关、地面验证与标定，对部分地面无法验证的有效载荷开展短时飞行试验验证，以全面推动空间科学领域的创新性研究、前瞻技术预研和关键技术攻关，为我国空间科学的长期可持续发展奠定科学与技术基础。

三、遴选并实施空间科学背景型号项目，开展关键技术攻关，为未来工程立项与研制做准备

在先期任务概念预研的基础上，分批遴选具有潜在重大科学突破和技术可实现性的科学项目作为空间科学背景型号项目，开展科学目标凝练、探测

方案优化和关键技术攻关，以降低进入工程研制后的进度风险、技术风险、人才队伍风险和经费投入风险，为后续工程立项和顺利实施做好各项准备。

遴选将采取发布指南、自下而上征集项目建议的方式。遴选标准以重大产出为主要指标，注重卫星项目产生的科学突破的重大性、科学数据应用的广泛性及能否带动学科整体发展。在遴选过程中，组织国内顶级专家根据上述标准打分评选，形成具体量化的评价指标体系。项目入选后将组织国际评估，听取国际同行的意见与建议，并征集国际合作方案；还拟对其关键技术进行技术成熟度管理，为未来空间科学任务的工程研制、发射做准备。

四、遴选确定工程立项项目，经充分论证后，启动工程研制

根据科学目标重大性、技术可实现性、项目实现的紧迫性及可获得经费情况遴选确定进入工程研制的项目。拟按大型、中小型项目分类定期组织遴选，遴选时还将考虑与国际同类项目的竞争情况、国际合作情况及各学科领域的均衡发展等。

对通过遴选的项目组织卫星系统、火箭系统、发射场系统、测控系统、地面支撑系统、科学应用系统六大系统进行可行性论证，并开展立项综合论证，经充分论证及审批通过后，工程正式启动。

五、工程研制阶段严格按航天工程管理，实施"首席科学家"+"工程两总"制

科学卫星的工程研制严格按航天工程管理，并建立围绕科学目标和有效载荷需求进行卫星平台设计的体制，使科学卫星的平台设计真正体现以科学目标为牵引、以满足有效载荷需求为目的，为科学探测提供良好的环境和条件。

建立"首席科学家"+"工程两总"的体制。工程总指挥负责对卫星工程的性能、技术指标、进度、质量、经费、人力和物力等进行全面管理。卫星工程总设计师负责对工程和工程各系统的研究、设计、技术及接口、试验、生产等技术工作进行全面管理。项目首席科学家负责提出科学卫星项目的科学目标，制定科学实验方案，确定科学载荷配置方案；在卫星工程实施

过程中，协助确定工程技术方案和技术路线，跟踪工程研制进展，对科学问题把关；负责组织完成科学实验，实现预定科学目标。

六、制定科学运行计划，产出科学成果

由首席科学家领导的科学团队负责制定科学运行计划，并提交给地面支撑系统，由其将运行计划转化为工程指令上行给在轨运行的科学卫星。

将地面接收天线接收到的数据发送给地面支撑系统，由其进行预处理，并分发给科学应用系统。首席科学家负责组织科学家进行数据分析与处理，产出科学成果，并对有效载荷的性能进行评估。

七、组织科学产出评估，支撑长期可持续发展

在科学卫星设计寿命完成后，任务承担单位将形成科学产出总结报告、任务研制过程经验教训总结报告，其中任务研制过程经验教训总结报告将反馈给工程研制与管理部门；组织对项目的科学产出进行评估，验证科学目标的实现情况，并反馈给战略规划研究与制定者，支撑空间科学的长期可持续发展。

第五节　国家经费投入预计

空间科学的可持续发展有赖于国家的支持和投入，与国家的经济发展和对科学研究与试验发展（R&D）的投入息息相关。

对于我国未来国内生产总值的预测，国务院发展研究中心李善同研究员曾在《"十二五"时期至 2030 年我国经济增长前景展望》（2010 年）中预计，"十三五"（2016～2020 年）期间我国国内生产总值（Gross Domestic Product，GDP）年均增长率将为 7.0%，到 2020 年，我国 GDP 总量增加到 72.84 万亿元，人均 GDP 为 5.12 万元，合 7358 美元；"十四五"（2021～2025 年）期间 GDP 年均增长率为 6.6%，2025 年，我国 GDP 总量将为 100.21 万亿元，人均 GDP 为 6.94 万元，合 9971 美元；"十五五"（2026～2030 年）期间 GDP 年均增长率为 5.9%，到 2030 年我国 GDP 总量将达到人民币 133.69 万亿元，人均 GDP 为 9.19 万元，合 1.32 万美元。

但从 2011~2014 年的发展情况看，这 4 年里我国的 GDP 年均增长率分别为 9.2%、7.7%、7.7%和 7.4%，2014 年度的国内生产总值已达到 63.65 万亿元[①]，到 2020 年，必将超过上面预计的 72.84 万亿元。为此，以国家统计局发布的 2014 年国内生产总值 63.65 万亿元（人民币）为基准进行重新估算，以 GDP 年增长 2015 年为 7%（根据 2015 年召开的"全国人民代表大会"和"中国人民政治协商会议"对 2015 年 GDP 增长率的预计）、2016~2020 年为 7%、2021~2025 年为 6.6%、2026~2030 年为 5.9%为输入条件，可以得出，到 2020 年我国的 GDP 总量为 95.52 万亿元，2025 年为 131.49 万亿元，2030 年为 175.13 万亿元。2015~2030 年我国 GDP 总量估算如图 6-3 所示。

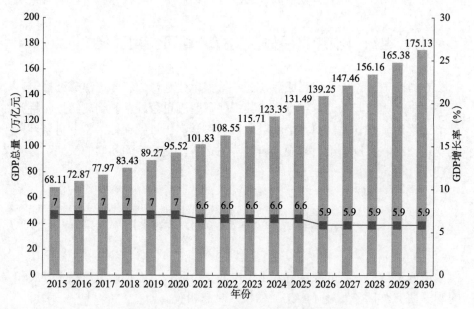

图 6-3 2015~2030 年我国 GDP 总量估算

2015 年 GDP 数据取自于 2015 年召开的"全国人民代表大会"和
"中国人民政治协商会议"对 2015 年 GDP 增长率的预计

资料来源：CAS/NSSC

与此同时，对我国用于 R&D 的经费投入进行了初步估计，2014 年我国用于 R&D 的经费投入为 1.33 万亿元，占 GDP 的 2.09%，较 2013 年增长了

[①] http://data.stats.gov.cn/search/keywordlist2?keyword=gdp,中华人民共和国国家统计局官网。

12.4%^①。尽管我国 R&D 经费投入强度（R&D 经费投入与国内生产总值之比）已于 2013 年首次突破 2%，但是我国最近 20 年 R&D 经费累计投入量不及美国最近两年的投入量，也少于日本最近 4 年的总投入^②。根据《国家"十二五"科学和技术发展规划》，到 2015 年，我国 R&D 经费投入强度将达到 2.2%，同时根据《国家中长期科学和技术发展规划纲要（2006~2020）》，"我国全社会研究开发投入占国内生产总值的比例将逐年提高，到 2020 年达到 2.5% 以上"，2015 年 R&D 投入占 GDP 总量的比率为 2.2%，2016~2020 年 R&D 投入比率由 2.2% 线性增加到 2.5%，2021~2030 年维持在 2.5% 的情况下，初步计算，到 2015 年我国的 R&D 投入为 1.50 万亿元，2020 年为 2.39 万亿元，2025 年为 3.29 万亿元，到 2030 年将达到 4.38 万亿元。2015~2030 年我国 R&D 经费投入估算如图 6-4 所示。

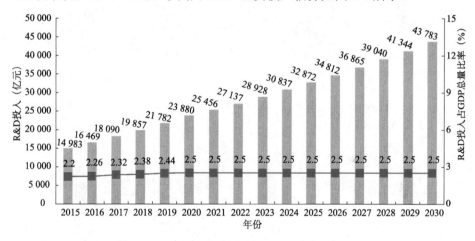

图 6-4　2015~2030 年我国 R&D 经费投入预计

资料来源：CAS/NSSC

　　空间科学是自然科学的一门重要前沿学科，国家对空间科学的投入同比于 R&D 经费投入（即与国家对 R&D 投入的增长率保持一致），以"十二五"期间国家对空间科学卫星到位经费（主要是先导专项，未含载人航天、探月工程等方面的国家经费投入）的投入为 35 亿进行计算，那么初步估算在"十三五"期间对空间科学的国家投入约为 59 亿元，"十四五"期间约为 86 亿元，"十五五"期间可达 116 亿元左右。如果以"十二五"期间国

---

① 《2014 年国民经济和社会发展统计公报》，中华人民共和国国家统计局官网。

② 《国家创新指数报告 2013》（2014 年），中国科学技术发展战略研究院。

家对空间科学的投入为 47 亿元（空间科学卫星任务"十二五"总概算）作为输入，仍然保持与 R&D 投入的同比增长，那么计算下来在"十三五"期间空间科学投入约为 80 亿元，"十四五"期间约为 116 亿元，"十五五"期间可达 156 亿元左右。2016～2030 年我国空间科学投入预计如图 6-5 及表 6-2 所示。

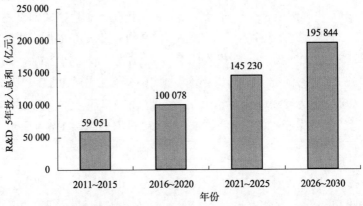

（a）2016～2030 年国家 R&D 投入（5 年总和）预计

图中 2011～2014 年数据为实际发生数据，2015～2030 年数据以图 6-4 中的数据为基础

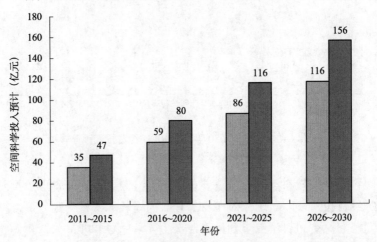

（b）2016～2030 国家对空间科学投入预计

左侧柱以"十二五"期间国家投入 35 亿元为基准，右侧柱以"十二五"期间国家投入 47 亿元为基准

图 6-5 2016～2030 年国家对空间科学投入预计

资料来源：CAS/NSSC

表 6-2　2016～2030 年国家对空间科学投入预计　　　（单位：亿元）

	"十二五"期间 （2011～2015）	"十三五"期间 （2016～2020）	"十四五"期间 （2021～2025）	"十五五"期间 （2026～2030）
R&D 投入预计	59 051	100 078	145 230	195 844
较上一个五年增幅	—	69.5%	45.1%	34.9%
空间科学投入预计 （与 R&D 投入同 比增长-增幅相同）	35～47	59～80	86～116	116～156

　　需指出的是，上述预计是以 2015 年物价水平为基础计算的国家投入自然增长情况，未扣除物价因素和国家政策变化的因素。

　　从表 6-2 可知，"十三五"期间国家对空间科学的投入较"十二五"期间增长约 70%，"十四五"期间增长约 1.5 倍，"十五五"期间增长约 2.3 倍；2016～2030 年，国家对空间科学的投入总计 261 亿～352 亿元。

　　这些数字虽然较"十二五"期间有了较大的增长，但与国际主要空间国家（组织）相比，仍然存在很大的差距。

一、空间科学总投入

　　NASA 2015 财年提出 174.61 亿美元的预算申请，其中，空间科学领域约 49.72 亿美元[①]；ESA 2015 年度经费为 44.33 亿欧元，折约 48.58 亿美元，其中，涉及空间科学领域的经费达到 7.77 亿欧元（折约 8.45 亿美元）。以我国"十二五"期间空间科学的年度投入 7 亿元人民币计算，折合 1.1 亿美元[②]，则我国的投入仅约为美国空间科学投入 1/50，约为 ESA 的 1/8，远不及日本（图 6-6）；按照前面的预计我国在"十五五"期间的空间科学投入为 116 亿～156 亿元人民币，平均年度经费为 27 亿元人民币，折合 4.2 亿美元，这一数字与 2015 财年美国的空间科学投入相差约 12 倍，与 2015 年 ESA 空间科学预算也仍然相差约 2 倍。

---

① 　NASA FY2016 budget Estimates。

② 　注：按 2011～2015 年人民币对美元的平均汇率进行计算，2015 年数据以 3 月 27 日为准。

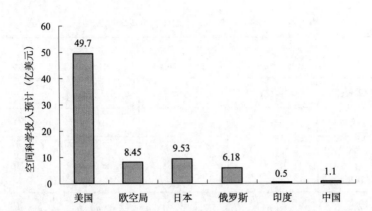

图 6-6　国际主要空间国家（组织）2015 年空间科学投入与我国投入比较

资料来源：CAS/NSSC；美国、ESA、俄罗斯①、印度②、中国的数据为空间科学投入，日本数据为 JAXA 2015 年度空间预算中用于研发 ASTRO-H 的预算③

二、空间科学占民用航天投入比例

"十二五"期间，我国空间科学投入占民用航天总投入的比例仍不足 10%，而美国、ESA 等发达国家（组织）在空间科学领域的投入都达到 25%～30%，而且美国对空间科学的发展日趋重视，其空间科学在民用航天总经费中所占的比例基本呈逐年上升趋势。NASA 2000～2015 财年总预算和空间科学预算对比如图 2-1 所示。

日本于 2015 年 1 月出台新版《宇宙基本计划》，规定了今后 10 年在空间领域的政策走向和主要活动，并提出了一系列空间计划，其中在空间科学、探索和载人活动方面，未来 10 年日本将发射 3 个中型任务、5 个小型任务及其他小规模项目。

---

① Roscosmos 2015 年预算总量为 1806.3 亿卢布（33.6 亿美元），其中用于空间科学（研究和利用宇宙空间）的预算为 332.5 亿卢布（6.18 亿美元）。资料来源：魏雯.2014. 2014～2016 年俄联邦航天预算. 中国航天. 03：36-37.

② 印度 2015～2016 财年（4 月开始）空间预算总额为 739 亿卢比（约合 12 亿美元），其中用于空间科学的预算为 30 亿卢比（约合 4830 万美元）。资料来源：http：//spacenews.com/india-allocates-1-2-billion-for-space-activities/.

③ JAXA 2015 财年空间预算为 1840 亿日圆（约合 15.4 亿美元），其中 125 亿日圆（1.045 亿美元）用于研发新一代运载火箭；51 亿日圆（4260 万美元）用于开发其新一代陆地观测卫星"先进光学卫星"；31 亿日圆（2590 万美元）用于开发"光学数据中继卫星"；9 亿日圆（750 万美元）用于开发并验证 Epsilon 小卫星发射系统；114 亿日圆（9.53 亿美元）用于研发下一代 X 射线天文卫星（ASTRO-H）。资料来源：http：//global.jaxa.jp/about/president/presslec/201501.html.

　　由此可见，我国在空间科学的投入及占民用航天总投入的比例上，都与发达国家相去甚远，以这样的速度发展，很难追赶上美、欧等国或地区的步伐，甚至会越落越远；美国、ESA、日本等的发展经验也证明，重视空间科学、对空间科学提供稳定的支持和投入，不但极大地牵引和促进空间技术、空间应用的发展，同时也促进了人类科学知识的不断进步，推动国家科技、经济和社会的发展。当前，我国空间科学正面临良好的发展机遇，空间科学先导专项自 2011 年启动实施以来，取得了显著的阶段性成果，并为提高相关技术研究水平奠定了重要基础。因此，应该进一步提供政策支持和充足的经费支持，促进空间科学卫星系列的可持续发展，为我国经济社会发展甚至人类的文明进步做出重要贡献。

第七章
支撑的技术手段

空间科学的发展离不开与之紧密相连的探测技术等关键技术的发展及地面基础设施的建设，尤其是那些目前不具备基础但需大力发展的技术和能力。先进的科学目标、与众不同的探测天体及观测更遥远宇宙的需求，这些都向空间探测技术不断提出新的需求，更高（灵敏度）、更远、更强（多任务、多功能）、更精（分辨率）、更准（标定能力）、更宽（观测范围/谱段）、更微小、更轻型和更节省资源一直是空间探测技术矢志不渝的发展方向，无论国际还是国内。到 2030 年，为实现我国空间科学发展目标，应发展的空间探测技术主要包括以下几方面。

第一节　先进有效载荷技术

一、天文观测技术

（一）超高分辨率成像技术

高分辨率成像技术是空间科学高精度观测的重要技术手段。为了提高空间分辨率，未来望远镜技术的发展方向一方面是扩大光学镜头孔径；另一方面是采用干涉技术，进行综合孔径成像，如通过编队飞行实现大孔径的干涉成像。

目前在轨的最大光学孔径望远镜是 HST，其光学孔径为 2.4m，已成功在轨运行 23 年并获得大量科学发现；NASA 正在研发的 JWST 是继 HST 之后的下一代空间光学望远镜，其口径达 6.8m，几乎达到了传统技术的极限。

超过传统技术极限的高空间分辨率在空间科学领域的应用极其广泛，包括空间天文观测、太阳表面高分辨率观测、拉格朗日点、月球轨道及静止地球轨道对地观测等。

干涉式综合孔径望远镜技术是运用干涉技术，将多个小口径望远镜组合起来，通过干涉方法，达到"大口径"的功效，其最终的空间分辨率将大大优于单体望远镜。其基本原理是通过小孔径接收信号之间的两-两干涉测量实现在目标图像的傅立叶变换域进行采样。如果多个小孔径两-两之间的干涉基线在方向和长度上覆盖了整个傅立叶域（从空间频率低频到最高设计频率），经过傅立叶反变换就可以获得目标原始图像。

甚长基线干涉测量（Very Long Baseline Interferometry，VLBI）采用同样的原理，在无需精细成像的探测方面，可以进一步增长基线，在需要的方向上实现更高的空间分辨率。

编队飞行是利用干涉成像技术使孔径分散的一个技术途径，使用数个微小卫星组成编队飞行，并变换基线方向，实现分时扫描的傅立叶域空间频率全覆盖，但是对编队飞行的位置精确测量、时间同步、测量信息传输要求高，因此也成为技术前沿。

（二）空间 VLBI 阵列技术

"天体肖像"计划所需要的望远镜的角分辨率只能通过望远镜干涉阵列来实现，需要建造空间 VLBI 阵列、月基望远镜阵列、月-地联合阵列、位于拉格朗日 L1/L2 点的望远镜阵列，以及使用 X 射线干涉原理的高分辨率 X 射线望远镜等。由于不同波段的望远镜阵列对于不同类型的天体高角分辨率成像有不同的优势，应该根据科学重要性、技术可行性和成熟度进行论证、部署和实施。实现该计划的技术难度较大，需要通过部署有关的关键技术预研和科学目标论证。

（三）高能电子观测和高能伽马射线观测技术

暗物质粒子探测是目前的科学热点，竞争激烈。在加速器上进行暗物质实验，需要很高的能量，至今所有的加速器（包括欧洲大型强子对撞机）实验还没有发现暗物质粒子的迹象。所以，要想取得突破需要更高能量的加速器。由于加速器的巨大规模、技术复杂度及高昂的造价，这种加速器在全球也只有个别设施，短期内在国内建造一个世界最大的加速器显然不现实。地下直接探测实验国际上已进行了数十年，但我国在这方面还是空白。由于暗物质粒子产生的信号很"微弱"，为了降低本底，通常需要把探测器放置在很深的地下。地下暗物质实验的主要难点是本底抑制。要将本底降下来，除了选择合适的实验地点外，更主要的是依靠先进探测器技术。我国这方面与国际先进水平还有较大的差距。地下试验的关键还是在掌握了国际先进探测器技术后，设计出比国外更灵敏的实验。空间实验国际上刚刚起步，如果能够选择合适的切入点，加上我国先进的航天力量，有可能在短期内取得突破。从目前已有的观测结果看，高分辨率观测高能伽马射线和电子是探测暗物质粒子可能的突破点。

研制新的高分辨率探测仪器，在空间高分辨率观测高能电子和伽马射线，寻找暗物质粒子湮灭信号，需要解决高能电子及伽马射线的空间观测技术。由于高能电子与大气的相互作用，地面无法观测，必须要到空间才能进行观测。空间高能电子及伽马射线观测中一个最关键的问题是本底。如果不采用磁场，或磁场强度不够的话，高能电子与高能质子很难区分。根据目前的观测数据，高能质子流量与电子流量相差数百倍到数千倍，在大量的质子本底中观测到电子及伽马射线是要解决的一个主要问题。

解决大动态范围探测器系统、多路电子学读出系统和大载荷/平台质量比的卫星平台设计等关键技术。通过光电管多打拉极输出、大规模 ASIC 读出芯片和围绕载荷设计卫星平台、减轻平台自重等途径对上述关键技术开展攻关，包括：具有宽高能伽马射线和电子探测能段，超过国际其他空间项目（2 倍以上）；高能量分辨率探测伽马射线谱线寻找暗物质粒子，比目前所有的空间伽马射线卫星和地面伽马射线望远镜的能量分辨率提高 10 倍以上；低本底高分辨率探测高能电子能谱寻找暗物质粒子，TeV 本底水平（对确认暗物质粒子信号特别重要）比国际其他空间项目低 5 倍以上。

（四）X 射线聚焦技术

在 10keV 以下能区的软 X 射线波段，国际上已经成功地运行了具有亚角秒分辨率的软 X 射线聚焦天文望远镜。但是这种技术导致望远镜的重量很大，很难实现平方米以上的有效集光面积的 X 射线天文望远镜，制约了未来 X 射线天文的发展，而且也无法在 X 射线脉冲星导航等重要方面得到应用。因此，开发出大口径的轻量化软 X 射线聚集望远镜，实现平方米以上的有效集光面积，以在 X 射线天文学研究和 X 射线脉冲星导航等重要方面取得重大突破。

在 10keV 以上能区的硬 X 射线波段进行聚焦天文观测将大大提高硬 X 射线天文望远镜的灵敏度，将对于研究黑洞的形成和演化等一大批重要高能天体物理问题具有不可替代的作用。第一个硬 X 射线聚焦天文望远镜已经在美国的原子核光谱望远镜阵列（Nuclear Spectroscopic Telescope Array，NuSTAR）上得到应用，但是其角分辨率仍然只有角分左右，比工作在 10keV 以下的软 X 射线能区的天文望远镜低至少一个量级。因此，需要开发出具有角秒分辨率的高分辨率的硬 X 射线聚集技术，以在空间高能天体物理领域的研究取得重大科学突破。

（五）大面积轻量化软 X 射线探测器

通过天体的 1～10keV 的软 X 射线时变和能谱特征精确研究黑洞和中子星附近的极强引力、极强磁场和极强密度等极端天体物理过程，需要几平方米有效探测面积的空间软 X 射线探测器。利用聚集技术实现这样的有效面积所需要的重量、体积和功耗所带来的成本难以承受，而已有的大面积气体探测器的能量分辨率不能满足要求，因此需要研制大面积、低重量和低功耗的半导体探测器阵列。

（六）单光子弱光锁相测量技术

单光子测量技术现已广泛使用在激光月球测距、激光卫星测距和量子信息传递上，并且在激光高度仪上研发成功。单光子探测对脉冲的时间分辨率可达 3ps，量子效率可达 0.85。与单光子测量技术相配应的是（单光子）事件定时技术，其准确度现已达 3ps。未来需要单光子探测的时间分辨率可达 1ps 以下，量子效率可达 0.95 以上，事件定时器的精度可达 1ps，且体积、重量减少到 1/5 倍以内。弱光锁相测量技术可使本地激光振荡器与 2pW 的入射弱光实现锁相。需要实现本地激光振荡器和 1fW 的入射弱光锁相，并可对其解调、解码，从而在技术上可实现 80AU 的激光测距和连续波光通信。上述两项技术相结合，在激光测距和引力波探测方面得到实际应用。

（七）红外空间天文探测技术

以宇宙电磁波红外谱段为观测对象的红外天文学研究对于理解宇宙状态和演化具有重要意义。自 20 世纪 80 年代第一个红外天文卫星（Infrared

Astronomical Satellite，IRAS）上天以来，发达国家发射运行了多个红外天文卫星，红外天文学 20 年内在世界范围内发展迅猛。红外空间项目需要的基本技术有包括热敏感器（bolometer）、热敏半导体结和 SIS（Silicon Integrated System）结亚毫米波探测器在内的探测元件和相应阵列技术；为这些探测器件提供工作条件的低温制冷（0.1～4K）技术；低辐射度镜面技术；"光机电冷"集成技术；以节省制冷剂为目标的高效地面段运行技术等。

（八）紫外空间天文技术

紫外波段（20～350nm）是天文观测一个非常重要的窗口。一方面，年轻恒星尤其是大质量恒星及正在形成过程中的年轻星系，其主要辐射发生在紫外波段。另一方面，紫外波段汇集了许多原子、离子和分子的共振诊断谱线，这些谱线为研究宇宙中物质，尤其是重子物质的分布、成分和物理性质，以及几乎所有类型天体的起源、结构、演化和动力学性质，都提供了极为灵敏的探针。紫外天文学的发展极大地依赖紫外探测技术，包括探测器效率、镜面镀膜及光学设计等。

（九）空间 X 射线量能器技术

高能量分辨率 X 射线观测对于天体物理过程的研究非常重要。目前，具有空间分辨能力的 X 射线探测器的能量分辨率仍然局限在 100～200eV，而具有高能量分辨率的色散 X 射线技术没有足够的空间分辨能力及大的集光面积。X 射线量能器同时具有空间分辨能力和几个电子伏的能量分辨率，其在空间天文的应用将打开一个全新的探测窗口。

（十）太阳系外行星空间光谱成像与干涉观测技术

系外行星与其中央恒星辐射对比度在可见光波段为 10^{-10}，在红外波段为 10^{-6}，来自行星的微弱光被恒星衍射光背景所淹没，因此需要发展高对比度成像星冕仪来消除或抑制恒星衍射光。目前，直接成像法观测主要通过地基望远镜来开展，可探测到离中央恒星较远且质量较大的系外行星，但大气扰动造成的散斑噪声显著地限制了观测精度。空间探测由于不受大气扰动的影响，在直接成像观测中具有明显优势。预期未来 10 年，可通过开发对比度达到 10^{-10} 空间成像探测技术以及空间自适应光学技术，实现对太阳系外类地行星直接成像观测，对其进行光谱分析，可获知该行星表面温度及大气成分等重要信息。

行星光谱是鉴别系外行星大气成分（如 CO_2、水）的特殊指纹。在凌星事件中，行星大气会吸收某些特定的恒星波长，从而在光谱上留下吸收线。掩星光谱中行星的吸收线特征很微弱，需要高观测精度的空间望远镜来辨析。预期将开发出的空间光谱观测技术，如高精度测光仪器（测光精度优于 10^{-4}）、高分辨率阶梯光栅光谱仪与激光梳技术（视向速度精度达到 0.1m/s）等，将探测系外类地行星的大气特征与结构。

空间干涉技术能够提供极高的观测精度。在太阳系或其他主序星宜居区域，黄道外尘埃普遍存在，其辐射比恒星弱比行星强，为系外类地行星探测的主要噪声源。国际上通过发展红外空基消零干涉仪，提高黄道外尘埃盘测量灵敏度，来探测恒星附近较小质量的类地行星，在中红外波段对其大气进行光谱分析。因此，需要发展系外行星空间干涉观测技术。

二、空间太阳观测技术

对太阳磁场、太阳耀斑和 CME 的观测，需要进一步加大对载荷关键技术研究的力度，包括中性原子成像探测技术、高能阵列探测技术、磁场偏振测量新技术、日冕磁场观测技术、紫外偏振测量技术、高能辐射偏振测量技术、红外探测器技术、紫外波段探测器技术、极紫外电流片诊断技术、大数据处理技术等。这些技术的预先研究对太阳空间探测任务的实现至关重要。

三、日地空间环境监测技术

空间物理探测技术包括各种粒子探测技术、电磁场及其波动探测技术、遥感成像探测技术和航天器效应探测技术等几个方面，重点突破的探测技术包括中高能粒子探测技术、热等离子体探测技术、太阳紫外辐射探测技术和中性大气探测技术、太阳的短波成像探测、地球空间的 X 射线、紫外和中性粒子成像探测、低频射电成像探测技术、高精度的新一代空间磁场探测技术和低频电磁波探测技术等。

空间物理探测的重要发展趋势是：多颗卫星的联合探测成为主流，立体探测、时空区分、多空间尺度探测成为空间物理探测的前沿。只有实施联合探测，才能了解关键区域、关键点处扰动能量的形成、释放、转换和分配的基本物理过程，深入揭示其物理过程的本质。卫星星座与编队飞行是实现联合探测必需的关键技术。

随着空间物理探测朝着整体探测的方向发展，成像探测成为重要的探测手段之一。而成像探测往往使得探测数据数量级的增长，星地之间的海量传输技术成为空间探测技术的关键技术之一。

四、行星探测有效载荷技术

按探测功能和手段划分，行星探测有效载荷技术主要包括：行星大气探测技术，如行星大气及物质成分微型光谱仪技术、行星大气太赫兹探测技术等；微波探测技术，如微波多模态微波行星探测技术；质谱探测技术，如行星同位素探测技术、空间生物大分子质谱探测技术等；行星次表层及内部探测技术，如深空探测小天体撞击器、天体表面穿透器、行星内部结构探测技术等。此外，还有轻量化技术、自主导航技术、深空低功耗热控与辐射制冷技术等火星、小行星等深空探测任务关键技术。

五、空间地球科学载荷技术

空间地球科学观测的核心基础是空间对地观测技术。科学上的突破常常来自新的探索性观测，新技术实现会激发和推动对地球系统科学的基本认知，推动我国未来空间地球科学的发展。

（一）全球水循环探测技术

与应用卫星不同，水循环科学卫星的观测任务范畴扩大了。因此，其复杂性也相应增加，需要解决的关键技术包括：大口径天线展开和高稳定在轨全极化定标。

多频段主被动微波传感器，特别是低频微波（L、S 及 C）波段高分辨率综合孔径辐射成像，无论采用稀疏阵列天线方案，还是采用稀疏阵列馈源的发射面天线方案，都需要进行天线或反射面的展开。需着重考虑传感器频段较低、尺寸较大的情况下，大口径反射面、低交叉极化馈源及整体结构的折叠展开的设计及优化。同时，定标是定量化辐射测量和信息反演的基础，根据定量反演开展的全极化测量对定标提出了更高的要求。需着重考虑多级噪声耦合注入设计，测量/定标模式切换优化、替代定标验证等难点，并通过在地面开展长期稳定性测试、对天线/接收机开展测试并建模、选取合适的地面替代定标场等途径解决。

水循环通量探测技术拟在地球同步卫星轨道上进行高时空分辨率和高垂直分辨率的降水/降雪和蒸发观测。与蒸散发相关的遥感观测技术是研究重点。

（二）能量循环探测技术

全球云-气溶胶-辐射监测卫星的关键技术是采用云-气溶胶激光雷达、多角度光谱-偏振仪和云雷达的有效载荷，以及提供用于气溶胶反演的可见光和近红外波段，通过仪器组合提高云-气溶胶-辐射观测的精度、分辨率和空间覆盖。

基于拉格朗日 L1/L2 点特殊位置的地球辐射气候监测站任务和月基全球变化探测计划都是一种应用不同轨道平台支持地球系统科学研究的技术尝试。

（三）生物化学循环探测技术

高光谱、主动雷达和激光雷达传感器在应用上的科学进步，有望大大提高对生物化学循环的观测和理解能力。

高光谱生物化学卫星的关键技术是提高传感器的均匀性、稳定性和信-噪比及保持较高的空间分辨率。通过一种主动（激光）探测技术对大气 CO_2 进行测量，几近实时地描述区域空间尺度上的 CO_2 源和汇的特性。另外，利用雷达和激光雷达技术对森林 3-D 结构和空间地面木质生物量进行测量。

（四）临近空间综合探测技术

临近空间综合探测技术包括：①临近空间地基探测关键技术，发展包括激光雷达、F-P 多普勒成像干涉测风仪、无线电测风雷达等中、高层大气主要要素探测新方法、新技术。②临近空间环境的直接探测技术，利用气象、探空火箭、高空气球、平流层飞艇（有动力、定点或巡航）等为平台开发新一代临近空间环境参数如大气成分、密度、湿度、温度、风向、风速等的探测技术。③星载临近空间中、高层大气遥感探测技术，包括星载太赫兹、微波、红外、可见光、紫外和激光主被动遥感探测技术。④临近空间大气局域环境综合分析及探测应用技术。

六、微重力科学和空间生命科学实验技术

发展模块化、组合化、标准化通用流体实验装置设计技术，突破流体在轨监测诊断技术，完善多相流流体体系压力精确调控技术，支持开展微重力流体动力学及其应用研究，两相流/相变传热及其应用研究，为人类长期空间探索活动和相关地基科学研究及生活的进步提供新理论、新技术和新方法。

发展空间材料实验在线测量、实时观察与分析技术、高温材料无容器制备技术、材料热物性测量技术等，实现具备先进的在线观察的晶体生长或凝固的实验装置，支持开展微重力环境下材料制备过程机理研究、先进应用材料空间制备、空间环境材料使役行为研究等，以指导地面材料制备与加工，发展先进材料。

发展空间生命科学实验仪器技术，突破在轨实验动态高精度观测技术、生物样品精细操作与检测技术、小型哺乳动物空间饲养技术、小型密闭生命生态支持技术、生物安全监测与保障技术等生命实验核心技术，建立具备成像、理化、生化分析能力的细胞、分子、组织与器官、植物、动物和微生物的多类型空间生命科学研究平台，研制模块化、组合化、标准化的通用实验装置，支持开展面向国际前沿的空间生命科学与生物学系列化科学实验研究。

基于卫星等空间飞行器平台进行空间科学实验研究必须依靠相应的技术支撑条件。针对不同学科研究的要求，空间实验平台应是一个通用技术与专业技术平台结合的系统。

七、空间基础物理试验技术

（一）超高精度时间基准技术

空间高精度时间基准技术是全球导航定位系统的核心技术，它源于空间天文原理，在全球时间同步、海洋监视系统、低轨移动通信星座、卫星编队飞行等领域有重要的应用，同时也是深空探测、空间甚长基线干涉测量、地球重力场探测、广义相对论验证、物理常数测量等空间科学卫星任务的基本技术要求。

空间高精度时间基准技术主要包括研制各类新型空间原子钟，以及长距

离高精度时间传递和比对技术。空间原子钟基本分为两大类，即星载原子钟和空间超高精度原子钟。星载原子钟具有体积小、功耗低、精度高的特点，是全球导航定位系统及各类卫星所需的原子钟。而空间超高精度原子钟作为空间的时间基准，其主要目的是在全球范围内校正各类星载原子钟。目前，最有前途的下一代新型星载原子钟是相干粒子数囚禁微波激射冷原子钟（CPT-Maser）和脉冲光泵浦冷原子钟（POP-Maser），其精度预计可达 10^{-15}。空间超高精度原子钟包括 Ramsey 型微波钟，其精度可达 10^{-16}。

一旦时间基准提高，就可以在更大的空间尺度上进行干涉测量，一个重要科学需求就是来自引力波的探测。来自宇宙背景的引力波反映天体之间相互运动的引力场变化，如黑洞吞噬恒星。这些波动的频率一般比较低，在几 Hz 到 1/100Hz。这样低的引力波频率所对应的波长是几十万千米到几千万千米。在这样远的距离上测量位置变化，需要精确的时间同步。ESA 提出的 LISA 计划的时间基准要求高达 10^{-19}，是目前对高时空基准技术前沿的最高要求。

冷原子相关技术包括：①超冷原子技术；②高精度锶光钟技术，不确定度优于 10^{-18}（理论极限为 10^{-20}）；③高精度铷原子或铯原子微波钟技术（不确定度 10^{-16}；理论极限 10^{-17}）；④空-地双向时间频率传递技术；⑤空间与地面时间比对技术；⑥高精度光学频率梳技术；⑦连续可靠运行的半导体激光器和集成激光系统技术。

（二）相对论与引力

空间引力实验的核心支撑技术有高精度惯性传感器技术（包括静电悬浮加速度计、加速度计-陀螺仪技术、冷原子干涉陀螺仪等）、激光干涉测量技术（包括星载激光器、光学干涉仪等）、无拖曳控制技术、超静超稳的卫星平台技术（包括高精度温控、姿轨控、稳定结构、精确质心保持技术等）等。

（三）低温凝聚态

压力调控的量子相变综合实验项目涉及的关键技术如下：电学性能测量电极引线技术，光路系统校正，高压精确施加技术，高绝热性能超流氦贮罐技术，超流氦相分离器技术，超流氦制冷机系统集成技术。在项目的科学预研过程中，对各关键技术提出了针对性的解决方案。

第二节　综合探测技术

一、高精高稳卫星平台技术

随着天文观测任务需求不断提升，航天器所携带的载荷设备也越来越精密，对航天器指向精度、指向稳定度等要求也越来越高。针对此项需求，应开展载荷与平台一体化构型设计和一体化高指向精度设计、高精度温度控制技术、结构稳定性设计与分析技术、高精度高稳定卫星姿态控制技术、平台及执行机构的减隔振技术，以及适应更高（灵敏度）、更精（分辨率）空间观测需求的大口径望远镜卫星技术、高精度装配及关系测量等关键技术。

二、分布式卫星组网技术

分布式卫星系统是指由两颗或两颗以上卫星按一定要求分布在一种或多种轨道上，共同合作完成某项空间飞行任务，从而获得更大价值的卫星系统，分布式卫星系统各颗卫星之间在动力学上是独立的。分布式卫星系统还能够通过干涉测量和稀疏孔径技术增加天线孔径和光学系统孔径，有效提升空间科学探测的整体性能，将目前技术水平下依靠单颗卫星难以实现的探测任务变得可行。分布式卫星系统技术还可以有效降低空间科学卫星任务的成本，实现更微小、更轻型和更节省资源的空间探测，并且体现出更大的灵活性。包括：编队飞行的位置、姿态控制和测量技术，在轨重组稀疏孔径成像微纳卫星系统、基于分离载荷的日地空间环境多尺度立体监测技术、四星编队空间科学探测系统、长期探测太阳系行星及卫星的绕飞轨道设计技术等。

三、空间可展开机构技术

对大型可展开空间机构技术而言，其主要的性能指标包括可展开尺寸、展开可靠性、展开和装配精度及其稳定性、刚度、重量、承载能力、寿命和复杂空间环境耐受能力等。相关技术包括：高精度、低冲击解锁技术、高精度地面装配技术、在轨复杂空间环境耐受及精度保持技术，涉及包括构型设计、材料选用、机械装置、热、电气和测试等方面技术，大型展开机构与卫星的耦合控制技术，以及太阳帆等大面积轻结构设计制造与展开技术。

四、极端环境热控技术

空间低温制冷技术主要是为空间科学卫星等航天器提供所需低温条件的获得技术，制冷设备长期稳定工作的控制技术，制冷设备与被冷却对象之间耦合技术。该技术主要为空间科学任务所需的各种低温探测器、超导器件、低温电子学等装置提供稳定、可靠的低温条件，保证其获得良好的工作性能。热控技术包括：长寿命和高性能制冷机产品化技术；超低温设计及高精度控温技术，如主动低温制冷技术、储能式低温控制技术、大型太阳屏技术、低温传热部件、低温机构部件、低温测量技术、低温测试技术等；高热流密度下的生存技术，包括近日热防护技术、高温下能源产生技术、强辐射环境防护技术、卫星热管理技术等。

五、低成本可重复使用卫星技术

可重复使用卫星可以显著降低空间微重力科学、生命科学及新技术验证的成本，同时可以带回试验样本进行深入地面研究，其主要开展的技术包括：低成本、轻量化、模块化、可更换防热结构技术；金属结构可重复使用设计、试验和检测技术；电子设备可重复使用设计、试验、测试、检测技术；轻量化无损回收、着陆技术；系统级可重复使用设计、试验、测试技术；卫星快速集成、测试、试验技术等。

六、超高精度空间基准技术

惯性导航一般采用陀螺仪及加速度计来测量系统的运动速度及方向，正在发展的超高精度空间测量与定位技术在高精度天体测量、系外行星探测、空间近地物体预警和跟踪等领域有重大的应用价值。高精度的焦平面和光学系统定标是实现亚微角秒测量和定位精度的重要保证。对恒星的超高精度定位技术在系外行星测量中有重要应用，一旦定位测量精度超过 1 个微角秒，将有可能探测到系外行星围绕其宿主星旋转对其带来的扰动。通过长期观测这些扰动，就可以反演这些行星的轨道周期和质量，从而判断哪些行星是类地行星。

七、星际航行推进技术

化学火箭的比冲很难达到 500 秒以上，严重限制了运载器的有效载荷能力和飞行速度。在运载火箭总质量中，推进剂质量占 90%以上，有效载荷只占 1%～1.5%，难以满足未来深空探测载荷比重高、飞得又快又远的需求，限制了空间科学和探测事业的发展。目前正在开发的星际航行推进技术包括：电推进技术、等离子体推进技术、太阳帆推进技术、激光推进技术、无工质推进技术和核能推进技术。

第三节　基础设施建设

利用探空火箭和高空气球等空间试验平台，为空间科学研究与探测提供短时间的实验机会。

一、探空火箭亚轨道试验平台

根据探空火箭的独特优势，主要规划开展以下探测和实验研究。

（一）空间探测

空间探测主要包括对电离层、中高层大气、空间电磁场、空间辐射环境、空间生命等方面的探测和研究。

（1）电离层探测：对我国中低纬电离层垂直剖面精细结构的探测和研究，主要包括利用朗缪尔探针对电离层等离子体的就位探测，利用空间抛撒、化学释放等空间等离子体主动试验进行探测等。

（2）中高层大气探测：利用遥感或就位探测手段对中高层大气成分、风场等进行探测。

（3）空间电磁场探测：利用磁强计、电场仪等对空间电磁场及空间等离子体中的波进行探测。

（4）空间辐射环境探测：对近地空间的粒子辐射环境、太阳紫外辐射、宇宙 X 射线背景（高能量分辨率观测）、银河宇宙线、高能粒子注入事件等进行探测。

（二）空间科学实验研究

利用探空火箭提供的几分钟到几十分钟的空间环境，如微重力环境、高真空环境、辐射环境、等离子体环境等，规划开展以下科学实验：微重力条件下界面流动与毛细现象研究，微重力条件下细水雾与火焰作用研究，空间辐射生物学效应研究，脊椎动物重力感知机理研究，微重力条件下高等植物RNA表达变化规律研究等。

此外，利用探空火箭还可以对有效载荷技术进行验证，对新型元器件和空间材料进行试验验证。

二、高空气球亚轨道试验平台

高空气球可作为空间科学卫星所开展空间科学研究的技术验证平台，能够开展高能天体物理、红外天文、大气物理、大气化学、地面遥感、空间物理、微重力科学和空间生命实验等各方面研究。

至 2030 年，拟规划建设"国家高空气球科学试验中心"，提供开展空间科学实验和空间探测、新技术验证的平台；建设"南极高空科学气球飞行站"，利用南极特殊的地理位置和环境（具有白昼期、无空域限制等）满足长时间飞行的科学实验与探测等需求。

三、抛物线飞机

抛物线飞机可以实现 20～30s 和可重复的微（低）重力水平（$10^{-1}\sim10^{-3}$g）的环境，利用抛物线飞机可开展微重力科学和生命科学实验。抛物线飞机平台的主要特点为：样品可回收、可提供变重力平台，每次飞行可提供 20～30s×30～40 次微重力及超重力条件，有效载荷量大（<100kg/m）。

在微重力科学方面，抛物线飞机开展的实验包括微重力流体物理、空间材料科学实验、微重力燃烧科学，以及用于空间站及卫星上的实验装置验证。

适合于抛物线飞机条件的生命科学实验，大体以短时生物学过程的直接观察为主，如细胞间相互作用、小型生物的行为学、细胞/组织结构对重力变化的急性响应等，以及对空间站、飞船或卫星实验平台实验方案的预先研究和方案筛选。

第八章

2030 年以后发展展望

　　空间科学研究、解决涉及人类生存与发展的基本科学问题，覆盖了自然科学的宏观与微观两大前沿，是与重大科技突破和人类生存发展密切相关的前沿交叉学科领域。2030 年以后，空间科学各领域将进一步针对宇宙和生命的起源及演化、地外生命探索、太阳和太阳系如何影响地球及人类生存与发展，以及是否存在超越现有基本物理理论的物理规律等重大科学问题开展研究。

　　中国空间天文和太阳物理领域将具有在多个波段的综合先进探测能力，研究队伍的整体水平进入世界先进行列并涌现出多位在国际上有重要影响的科学家。届时，国际合作将主导空间天文和太阳物理领域超大型项目，中国将全面参加国际上的空间天文和太阳物理领域超大型项目，领导若干国际重大空间天文和太阳物理研究计划，不断在基础科学研究方面取得重大突破性成果，逐步进入国际空间天文和太阳空间探测强国的行列。太阳系外行星搜索方面，可能会找到相当数量的类地行星，不排除在一些类地行星上发现生命存在的迹象；在宇宙构成的暗物质暗能量研究方面，有可能通过观测揭示出它们的本质，从而导致物理学的革命；对极端天体物理条件下物理规律的探索将进入比较全面的阶段等。届时，我国的空间物理领域将关注日地空间转向太阳系的整体联系，建立太阳帆支持的位于 300 万 km 人工日地秤动点上对太阳的遥感观测和对太阳风的就地探测或对水星为平台的内日球太阳和太阳风监测平台，具备满足空间物理研究和空间天气保障服务的日地耦合系统空间天气监测的天地一体化综合体系。此外，我国行星科学的技术基础、研究体系、人才队伍等将跨上一个新的台阶，应进入世界航天强国第一集团；我国科学家对太阳系的形成与演化将有更加深刻的认知，同时也将提出更具前瞻性、挑战性的重大科学命题。在地球科学卫星计划方面，将发射系列地球科学探索卫星，形成高时空分辨率的立体对地观测系统，结合业务观测卫星，实现对地球系统关键参数的综合测量，完成对地球系统主要特性及过程的定量描述或参数化表达；通过对已知和未知地球系统过程的深入探索研究，以及对地球系统内各部分相互作用的模拟和分析，回答有关地球系统变化的机制、强迫及其响应的关键科学问题。微重力科学研究将以中国空间站长期空间实验平台为主，与面向特殊需求的科学实验卫星计划和探空火箭、抛物线飞机、落塔设施等紧密配合，持续开展微重力流体、空间材料和微重力燃烧空间实验项目；在空间热管理、空间推进、生保系统、防火安全、空间资源开采与行星表面建设等空间探索系统的应用转化过程中发挥重要的基础研究和先进技术研究作用。另外，在空间基础物理领域，2030 年之后依然会在冷原子、低温凝聚态和相对论与引力物理方面开展研究，实施更高精度的实验研究计划，特别是空间实验研究计划。空间生命科学的研究方面，将识别出空间各类特殊物理条件对生命现象的单独影响，进一步开展空间复合生物学效应（微重力效应、空间辐射和亚磁场等）的深入研究，并使得研究相应的应对和防护措施具有实质性的科学依据，提升空间环境影响生命过程的机制性认识。

第九章
政策措施建议

空间科学任务具有引领性、创新性、挑战性极强的特点，包含大量的新需求、新思路、新设计、新工艺等，一项空间任务从概念提出到任务完成往往需要数年甚至数十年的时间，需要稳定的经费和人员队伍支持。为此，有如下政策措施建议。

一、建立空间科学系列卫星计划，纳入国家稳定支持的常规科技发展计划中

为实现航天强国的发展目标、提升我国空间科学发展水平，建议在后续发展中对空间科学任务的实施坚持以科学目标为引导、科学目标决定立项、工程为科学目标服务的原则，建立围绕科学目标和有效载荷需求进行卫星平台设计的体制，使科学卫星的平台设计真正体现以科学目标为牵引、以满足有效载荷需求为目的，为科学探测提供良好的环境和条件。

建议把空间科学系列卫星计划纳入国家科技发展计划，确保国家在空间科学方面的投入，保障空间科学的可持续发展和对空间技术、应用的持续牵引带动作用。持续支持先进的空间科学任务，将使中国能够连续获得领先世界的科技成果，并凝聚、稳定一批创新能力强的高科技人才队伍，使中国有能力为人类的空间探索和技术进步及社会发展做出持续性的贡献。

二、适度引入市场机制，通过公平竞争，提高质量、降低成本

积极吸引并鼓励具有科研实力和资质的单位及部门参与空间科学卫星的研制，可通过招标等形式，引入公平竞争，提高效益和投入产出比。

三、对项目前期培育和后续研究给予支持，并加强对技术保障条件建设的支持

高水平的空间科学项目需要经历一个地面研究、空间实验、后续处理与分析研究的全过程，地面的长期前期研究和空间实验后续的数据处理与分析研究是至关重要的。建议改变和完善空间科学经费投入机制，对项目的前期培育和后期研究给予支持，同时加大对项目必要的技术保障条件建设的支持力度，形成健全的空间科学发展与保障支持体系，这将有利于保障我国空间科学研究能够产出具有重大国际影响力的科学成果。

四、开展多边、多层次、多种形式的国际合作，突破技术封锁，增强国际影响力

国际合作是当前国际空间科学发展的主潮流。国际合作，不仅可以实现研究经费互补、数据共享、降低测控运行费用、突破技术封锁等，还可以服务于国家的政治和外交需求，建议在现有基础上继续广泛深入开展多边、多层次、多种形式的国际合作。

五、加强空间科学教育和人才培养，加强高校专业学科建设，加大对重点实验室和任务的支持力度，长期支持并稳定一批高水平的空间科学研究队伍

建议加强重点高校空间科学相关专业建设，并设立空间科学研究基金，鼓励青年人投身于空间科学研究，每年举办主要面向青年人的空间科学研讨会，为青年科研工作者之间的学科交叉和事业发展提供平台和机遇。同时，

加强对空间科学现有重点实验室和承担空间科学任务重点单位的支持力度，根据需要建设新的重点实验室，长期支持并稳定一批高水平的空间科学研究队伍。

六、加强科学传播，拨出专款支持并征集、资助青少年空间科学项目，提高国民素质

空间科学具有公众性，与其他科学领域相比，空间科学方面的发现甚至空间科学任务本身都是引起公众兴趣的重要领域，空间科学任务的实施能够激励民众采用先进科技的积极性，具有提高民族自豪感、振奋民族精神、凝聚民族力量的重大意义。

建议拨出专款用于空间科学重大任务与发现的科学传播工作，加大支持力度，通过空间科学任务的实施不断提高全民族科学文化素养，并为未来科技发展培养人才。

第十章

结束语

空间科学是蕴含重大科学突破并与人类生存发展密切相关的前沿交叉科学领域，不但是自然科学的重要前沿领域，而且对航天技术的发展具有重要的驱动作用，被誉为空间科技皇冠上的"明珠"。世界各大航天强国都非常重视空间科学对推动知识进步、促进技术创新、服务国家安全与社会经济发展的重要作用，空间科学也将为我国的创新发展提供重要的驱动力。

当前，我国空间科学正面临良好的发展机遇。国际合作是当前国际空间科学发展的主潮流，国际空间科学界表达了强烈的合作意愿。此外，国内创新驱动发展战略是空间科学发展的重大契机，空间科学先导专项的启动标志着我国的空间科学进入了跨越发展的新阶段，专项自 2011 年实施以来，取得了显著的阶段性成果，并获得了国际科学界的广泛关注；同时，也吸引了众多国际一流科学家的积极参与，扩大了我国空间科学计划的国际影响，并为提高相关技术研究水平奠定了重要基础。

中国的空间科学将以回答事关人类发展的基本问题为己任，为我国经济社会发展甚至人类的文明进步做出应有的贡献，树立起中国人探索太空的新丰碑！

参考文献

[1] 中国科学院空间科学项目中长期发展规划研究课题组.2008.中国空间科学项目中长期发展规划（2010～2025）.

[2] 中国科学院.2009.科技革命与中国的现代化.北京：科学出版社.

[3] 中国科学院空间领域战略研究组. 2009.中国至 2050 年空间科技发展路线图.北京：科学出版社.

[4] 吴季，张双南，王赤，等.2009.中国空间科学中长期发展规划设想. 国际太空，12：1-5.

[5] 空间科学项目中长期发展规划研究课题组.2012.空间科学项目发展规划深化研究报告.

[6] 中国科学院.2013.科技发展新态势与面向 2020 年的战略选择.北京：科学出版社.

[7] 吴季，孙丽琳.2014.Strategic Priority Program on Space Science. Space Science Activities In China National Report 2012～2014.

[8] 吴季.2014-8-7.中国的空间科学卫星计划.光明日报：12.

[9] 吴季. 2014.空间科学——我国创新驱动发展的重要阵地.中国科学院院刊，29（05）：583-589.

[10] 中国科学院空间科学战略性先导科技专项研究团队. 2014.开启中国认识宇宙的新篇章.中国科学院院刊，29（06）：754-763.

[11] 中国科学院空间科学战略性先导科技专项研究团队. 2015.空间科学战略性先导科技专项引领中国空间科学发展.国际太空，1：13-21.

[12] NASA's Science Mission Directorate. 2014.NASA 2014 Science Plan. Washington: www.nasa.gov.

[13] Giovanni Bignami，Peter Cargill，Bernard Schutz，et al. 2005.Cosmic Vision Space Science for Europe 2015～2025. Noordwijk： ESA Publications Division，ESTEC.

[14] Hao Xin. 2011.Chinese Academy Takes Space Under Its Wing. Science，332：904.

[15] David Cyranoski. 2011. China Forges ahead in Space. Nature，479（17）：276-277.

[16] Richard Stone. 2012.A New Dawn for China's Space Scientists. Science，336：1630-1637.

[17] Yin J，Ren J G，Lu H，et al. Quantum Teleportation and Entanglement Distribution over 100-kilometre Free-space Channels. Nature，11332：185-188.

[18] Science in the Chinese Academy of Sciences. 2012. A sponsored supplement to Science：1-49.

[19] Jane Qiu. 2014.Head of China's Space Science Reaches out. Nature News，6：1.

[20] Elizabeth Gibney. 2015.China and Europe Pore over Proposals for Joint Space Mission. Nature News，23：1.

[21] 空间天文中长期发展规划研究组. 2014.2016～2030 空间天文领域发展规划研究报告.

[22] 太阳物理中长期发展规划研究组. 2014.2016～2030 太阳物理领域发展规划研究报告.

[23] 空间物理中长期发展规划研究组. 2014.2016～2030 空间物理领域发展规划研究报告.

[24] 深空探测中长期发展规划研究组. 2014.2016～2030 深空探测领域发展规划研究报告.

[25] 空间地球科学/全球变化中长期发展规划研究组. 2014.2016～2030 空间地球科学/全球变化领域发展规划研究报告.

[26] 微重力科学中长期发展规划研究组. 2014.2016～2030 微重力科学领域发展规划研究报告.

[27] 空间生命科学中长期发展规划研究组. 2014.2016～2030 空间生命科学领域发展规划研究报告.

[28] 空间基础物理中长期发展规划研究组. 2014.2016～2030 空间基础物理领域发展规划研究报告.

[29] 空间科学探测综合技术中长期发展规划研究组. 2014. 2016～2030 空间科学探测综合技术领域发展规划研究.

[30] 中华人民共和国国务院新闻办公室. 2011.2011 年中国的航天.

[31] 余建斌. 2010.我国载人航天事业不断发展.人民网.

[32] 陈善广，陈金盾，姜国华，等. 2012.我国载人航天成就与空间站建设.航天医学与医学工程，6：391-396.

[33] 王永志. 2011.实施我国载人空间站工程，推动载人航天事业科学发展.载人航天，01：1-4.

[34] http：//www.cmse.gov.cn.

[35] http：//www.cmse.gov.cn/Shenzhou9.

[36] http：//www.cmse.gov.cn/Shenzhou10.

[37] 叶培建，黄江川，孙泽州，等. 2014.中国月球探测器发展历程和经验初探.中国科学：技术科学，06：543-558.

[38] 孙智信，卢绍华，林聪榕.2007.人类探月与嫦娥工程.国防科技，12：13-20.

[39] http：//www.cnsa.gov.cn/n1081/n7634/n244209/index.html.